JN025983

Python

実践入門

言語の力を引き出し、開発効率を高める

Suyama Rei
陶山 嶺
［著］

技術評論社

はじめに

　本書は、これからPythonを始めようとしているプログラミング経験者に最適なPython入門書です。また、普段からPythonを書いている方でも、より自信を持ってPythonを書くためのステップアップに活用していただけます。

　Pythonは、分野や領域を問わず世界中で広く使われているプログラミング言語です。ライブラリも非常に豊富で、それぞれの分野や領域ごとに有名なライブラリが多数あります。しかし、それらの実力を最大限に活かすためには、まずPythonという言語の持つ特徴や機能を知り、使いこなしていく必要があります。本書が取り扱うのは、まさにこのPythonを使いこなすために必要となる知識です。分野や領域、利用するライブラリを問わず、Pythonを使うシーンでは常に使える知識を余すところなく詰め込みました。

　本書の構成は、序盤でインストール方法や文法、関数、クラスなどの基礎知識を固め、中盤では特殊メソッドやデコレータ、コンテキストマネージャーといったPython特有の応用的な機能を紹介しています。また、終盤にかけては並行処理やパッケージング、ユニットテストなどの開発全般に関する話題に対して、Pythonを使った実例を載せています。

　したがって、本格的にPythonに触れるのが初めての方や読み書きに不安を感じている方は、最初から順番に読み進めることをお勧めします。普段からPythonに慣れ親しんでいる方は、気になるトピックのある章から読み進めても問題ありませんが、各章内は最初から読み進めてください。

　本書で扱うPythonのバージョンは、本書の執筆時点（2019年11月）の最新版であるPython 3.8です。動作環境のOSは、Windows、macOS、Ubuntuを対象としました。主な動作確認はmacOS Mojave上で行い、OSの違いにより実行コマンドや出力結果に差分がある場合には適宜補足を入れています。

　Pythonは、初期の頃からコミュニティの力により支えられ、ユーザーの拡大とともに発展してきた言語です。これから先も、その点が変わることはおそらくないでしょう。本書がきっかけとなり、ひとりでも多くのPythonユーザーが増えることを願っています。

謝辞

本書の執筆にあたっては、とても多くの方々にご協力いただきました。この場を借りて、感謝の言葉を述べさせていただきます。

長期間にわたり何度も根気強くレビューをしてくださった新井正貴さん、岩井裕海さん、清水川貴之さん、杉山剛さん、鈴木たかのりさん、津田恭平さん、寺田学さん、西本卓也さん、古木友子さん、満田遼さん。誰かひとりでもいなければ、本書は完成に至らなかったと思います。技術面から構成、日本語の言い回しまで含めて、さまざまな観点でレビューをいただいたおかげで、本書の内容に自信を持つことができました。

また、今回執筆の機会をくださり、思うように筆が進まない状況でも常に優しく声をかけ続けてくれた稲尾尚徳さん、わたしの拙い文章を細かなミスまで漏らさず校正してくださった渡邉健多さん。お二人の手により本書が洗練されていく過程は、修正対応の難しさと同時に楽しさを感じることができ、最後までやり抜くことができました。

ここでお名前をあげさせていただいた方々をはじめ、本書の執筆にかかわったすべての方に感謝を申し上げます。本当にありがとうございました。

2019年11月　陶山 嶺

サポートページ

本書のサンプルコードは、下記サポートサイトからダウンロードできます。正誤情報なども掲載します。

URL https://gihyo.jp/book/2020/978-4-297-11111-3/support

Python実践入門　言語の力を引き出し、開発効率を高める●目次

第**6**章
クラスとインスタンス 123

第**7**章
モジュールとパッケージ、
名前空間とスコープ

第**9**章
Python特有のさまざまな機能

## 第 1 章

Pythonはどのような言語か

Python[注1]は、さまざまな分野で広く使われている汎用のプログラミング言語です。日本におけるPythonの知名度は、この数年間で飛躍的に向上しました。しかし、Pythonはその誕生からすでに30年が経とうとしている歴史ある言語で、古くからオープンな開発者コミュニティによって支えられています。

本章では、Pythonのプログラミング言語としての特徴、Pythonの歴史と現況、そしてPythonコミュニティについて説明します。

1.1
プログラミング言語としての特徴

読者のみなさんはPythonにどのような印象を持っているでしょうか。インデントが特徴的、動的型付き言語、可読性が高い、データ分析や機械学習でよく使われる、2系と3系で混乱しそう、実行速度が遅い……などがあると思います。これらの印象は読者のみなさんがPythonを知ったきっかけやタイミング、書いてきた言語や分野などのバックグラウンドによりさまざまです。中には正しいものもあれば、実際にPythonを使い始めると違う印象に変わるものもあるでしょう。ここではまず、Pythonのプログラミング言語としての特徴を紹介していきます。

シンプルで読みやすい動的型付き言語

Pythonは動的型付き言語と呼ばれる分類に属するプログラミング言語です。動的型付き言語は、変数や関数の戻り値の型を指定する必要がないため、C言語やJavaなどの型の指定が必要な静的型付き言語と比べるとプログラムの記述量が少なくなる特徴があります。

たとえば、整数どうしの足し算を行う簡単な関数をC言語で記述すると、次のようになります。

```
int add(int a, int b) {
    return a + b;
}
```

注1　PythonにはC言語で実装された標準実装のCPythonのほかにも、Javaで実装されたJython、Pythonで実装されたPyPyなど複数の実装が存在します。本書でPythonと書く際は、特に注意書きがない限りCPythonを指します。

これに対し、同じ足し算を行うPythonの関数は、次のようになります。

```
def add(a, b):
    return a + b
```

　C言語の場合は、intを指定して引数と戻り値の型が整数であること明示しています。しかし、Pythonの場合はそのような型の指定がなく、スッキリした見た目になっています。

　ただし、型の指定が不要であっても、Pythonに型がないわけではありません。たとえば、Pythonでは整数型はintクラス、文字列型はstrクラスとして表現されます。そのため、上記add()関数の引数aに整数、bに文字列を入れて実行した場合は、次のように型の不一致を表す例外TypeErrorが発生します[注2]。このように、Pythonは型の変換を自動的には行いません。したがって、コードを書くときにはこのようなエラーが起きないよう型を意識する必要があります。

```
>>> def add(a, b):
...     return a + b
...
>>> add(1, '2')
Traceback (most recent call last):
  File "<stdin>", line 1, in <module>
  File "<stdin>", line 2, in add
TypeError: unsupported operand type(s) for +: 'int' and 'str'
```

● インデントによるブロックの表現

　前項で示した例には、型の宣言以外にもう一つ大きな違いがあります。それはPythonのコードには処理のブロックを決めるための波括弧({})がない点です。Pythonでは、波括弧の代わりに、インデント(字下げ)の深さでブロックを表現します。

　たとえば、if文を使ったコードは次のようになります。

```
def even_or_odd(n):
    if n % 2 == 0:
        print('偶数です')
    else:
        print('奇数です')
```

注2　ここでは2.2節で紹介する対話モードでPythonを実行しています。また、本書で対話モードを利用する際は、インデント幅をスペース2つとしています。

　波括弧がなく、改行が必要な位置が決まっているため、ブロックの書き方は自然と決まります。また、インデントの幅も多くのプロジェクトでスペース4つが採用されています。これらの理由から、同じ処理であれば誰が書いても見た目が似たコードになります。Pythonがシンプルで読みやすい言語と言われるのは、型宣言が不要で記述量が少なく、ブロックをインデントで表現する特徴を持つためです。

● 教育用プログラミング言語ABCの影響

　Pythonのインデントによるブロック表現は、教育用プログラミング言語ABC[注3]に由来しています。インデントのほかにも、Pythonの設計はこのABCから強い影響を受けています。それは、Pythonの生みの親であるGuido van Rossum氏が、ABCの開発に携わっていたためです。Guido氏が暇つぶしの趣味プロジェクトとして始めた「ABCから派生し、ABCの不満を解消した新しい言語のインタプリタ」開発プロジェクトがPythonの始まりです[注4]。インタプリタとは、プログラミング言語を読み込みながら、コンピュータが解釈できる形式に変換し、実行していくソフトウェアを指します。このインタプリタが読み込む新しい言語こそが、Pythonだったのです。

　ABCの影響を受けているPythonは、教育用プログラミングやプロトタイピングにも焦点が当てられています。そのため、初心者でもできるだけ習得、利用がしやすいように設計されています。

後方互換性の重視

　以前のバージョンとの後方互換性を重視している点も、Pythonの特徴の1つです。公式ドキュメントの「Pythonの互換性を無くすような提案をしてもよいのですか？」[注5]でも「一般的には、してはいけません。（以下略）」と回答されています。実際、2008年に公開されたPython 3.0で動くコードは、ほとんどの場合がそのままPython 3.8[注6]でも動きます。

注3　https://homepages.cwi.nl/%7Esteven/abc/
注4　Pythonという名前は、Guido氏が大ファンだったイギリスのコメディ番組「Monty Python's Flying Circus」(邦題「空飛ぶモンティ・パイソン」)からきています。https://www.python.org/doc/essays/foreword/
注5　https://docs.python.org/ja/3/faq/general.html#is-it-reasonable-to-propose-incompatible-changes-to-python
注6　本書の執筆時点での最新版です。

　また、Python自体の開発に関するガイドライン「PEP 5 -- Guidelines for Language Evolution」[注7] があり、後方互換性のない変更を行うための手順も示されています。後方互換性のない変更をPythonの言語仕様に組み込む場合には、このガイドラインに従って1年以上の移行期間が設けられます。

豊富な標準ライブラリ

　標準ライブラリとは、Pythonをインストールするだけでできるライブラリ群を指します。Pythonには「Batteries Included」(バッテリ同梱)[注8] という哲学のもと、豊富な標準ライブラリが用意されています。この標準ライブラリの豊富さも、Pythonがシンプルで読みやすい言語と言われる理由の1つに数えられます。ほかの言語ではサードパーティのライブラリで提供される複雑な処理であっても、標準ライブラリとして提供されていることが多いです。

　たとえば、ファイルの読み書きに関するものだけを見ても、さまざまなファイルフォーマット向けのライブラリが提供されています。その一例を、次に示します。

- **json**
  JSONエンコーダおよびデコーダ

- **csv**
  CSV (*Comma-Separated Value*、カンマ区切り) ファイルの読み書き

- **zipfile**
  ZIPアーカイブの処理

- **sqlite3**
  SQLiteデータベースに対するインタフェース

- **configparser**
  iniファイル形式の設定ファイルのパーサ

- **pickle**
  Pythonオブジェクトのシリアライズ (直列化)[注9]

注7　https://www.python.org/dev/peps/pep-0005/

注8　https://docs.python.org/ja/3/tutorial/stdlib.html#batteries-included

注9　pickleモジュールを使うとPythonオブジェクトをバイトストリームにシリアライズでき、これをpickle化と呼びます。pickle化したデータはバイナリファイルに書き出したり、Pythonオブジェクトにデシリアライズ (復元) できます。

上記はあくまで標準ライブラリのごく一部の例です。標準ライブラリの一覧は、公式ドキュメントの「Python標準ライブラリ」[注10]を確認してください。

さまざまな用途での利用

Pythonは、さまざまな用途で利用されています。Pythonがよく利用されている分野としては、Webアプリケーション、プログラミング教育、科学技術計算、OSやインフラなどのシステム管理ツール、サイバーセキュリティ……などがあります。

その中でも、科学技術計算や学術的な分野での利用実績がほかの汎用言語に比べて多いことは、Pythonの特徴の1つとも言えます。これが、近年のデータ分析や機械学習などの盛り上がりとともにPythonが世界的に注目された大きな理由です。

1.2
Pythonの歴史と現況

Googleの検索データをもとにした、トレンドの推移が調べられるGoogleトレンドを見ると、日本でのPythonへの関心は2013年ごろから右肩上がりになっています（**図1.1**）。

このデータからもわかるように、日本ではここ数年でPythonの知名度や企業での採用が飛躍的に向上しました。これには、先ほど触れた近年の世界的なデータ分析や機械学習などの盛り上がりが大きく影響しています。ここでは、このデータとその背景を踏まえてPython自体の進化やPythonを取り巻く環境の変化を紹介します。

Python自体の進化

Pythonは開発当初から現在に至るまで、数多くの改善が行われてきています。まずは、Pythonの誕生から現在に至るまでの歴史をかいつまんで紹介します。

注10　https://docs.python.org/ja/3/library/

● **Pythonの誕生**

Pythonの開発は、1989年のGuido氏のクリスマス休暇から始まり、1994年1月にPython 1.0がリリースされました。Pythonの特徴でもあるインデントによるブロックの表現や次章以降で解説するクラスや継承、代表的なデータ型(list、dict、strなど)は、初期のころから実装されています[注11]。

ちなみに、同時期には現在メジャーとなっている多くのプログラミング言語が生まれています。Perl 1.0は1987年12月にリリース、Rubyのパブリックリリースは1995年12月、Javaの開発キットであるJDK(*Java Development Kit*) 1.0は1996年1月に発表されています。

● **Python 2系でメジャーな言語に**

Pythonがメジャーな言語になったのは、Python 2系になってからです。Python 2.0のリリースは2000年10月、2系の最終版であるPython 2.7は2010年7月にリリースされています[注12]。ここでは詳細には触れませんが、2系では、循環参照のガベージコレクションやUnicode、4.8節で紹介するリスト内包表記などの多くの機能が導入されました。

注11 昔のリリースメッセージは「Misc/HISTORY」にアーカイブされています。https://raw.githubusercontent.com/python/cpython/master/Misc/HISTORY

注12 Python 2.0以降のメジャーバージョンの主な変更点は「What's New in Python」にまとまっています。https://docs.python.org/ja/3/whatsnew/

図1.1 Pythonの人気度の動向

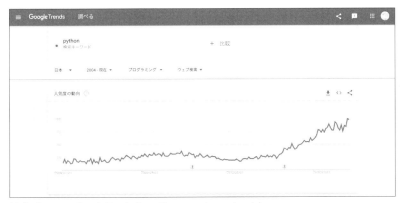

※データソース：Google Trends (https://www.google.com/trends)

Python 2系以降は、世界的に有名な企業やサービスでの採用例も豊富です。GoogleやDropbox、Instagramなどが実際にPythonを利用しています[注13]。

● Python 3系への移行

最新メジャーバージョンであるPython 3系は、2008年にPython 3.0としてリリースされました。Unicodeを全面的に採用し、`print`文を`print()`関数に変更するなどの互換性のない変更が複数取り入れられました。このため、2系から3系への移行は、依存ライブラリが3系に対応していないなどの理由から、当初の想定ほどスムーズにはいきませんでした。その結果、互換性のない2つのメジャーバージョンが長期に渡り利用され続けるという大きな課題を残すこととなりました。

● 現在のPythonの状況

2系の最終版であるPython 2.7は、2020年1月1日でサポートが終了しました。そのため、この先は2系において致命的なバグや脆弱性が発見された場合であっても、公式からのパッチの提供は行われません。

また、かなりの時間を要したとはいえ、今後も使い続けられるであろう主要なライブラリは、そのほとんどがすでに3系をサポートしています。さらに、機能面やパフォーマンス面でも2系よりも3系のほうが優れています。したがって、既存資産である2系のコードをどうしても使わざるを得ない場合以外は3系を利用しましょう。もし2系のコードを利用する場合は、ご自身に影響のありそうな新しい脆弱性が見つかっていないかを確認してから利用してください。

Pythonを取り巻く環境の変化

筆者がPythonを学び始めたのは2008年ごろです。当時の日本では、Pythonよりも、比較対象としてよく挙げられていたRubyをすすめている記事やコメントが多かったです。Rubyは日本人のまつもとゆきひろ氏が開発した言語で、当時から日本語書籍が豊富でした。対して、当時のPythonは日本語書籍が充実しているとはあまり言えない状況だったためです。

しかし、そのような状況もここ数年で大きく変わり、Pythonの日本語書籍の

注13　Pythonの作者であるGuido氏は、2005年から2012年までGoogleに在籍し、2013年からはDropboxに在籍していました。DropboxでのGuido氏の功績は、同社のブログ記事「Thank you, Guido」で紹介されています。https://blog.dropbox.com/topics/company/thank-you--guido

充実度は飛躍的に上がりました。現在では、プログラミング入門書で採用される以外にも、データ分析や機械学習で利用されるツールの解説、Webアプリケーションに関するもの、Python自体を使いこなすための上級者向け書籍などが出版されています。誰でも自分のスキルや興味関心に沿った内容で、Pythonを学べる環境が整ってきました。今はまさに、Pythonを始めるのに最適な時期と言えるでしょう。

1.3
Pythonコミュニティの特徴

　Pythonの開発は、特定の企業や個人ではなく、コミュニティによって支えられています。ここでは、Pythonコミュニティの特徴とPythonの開発を支えている、PEP(*Python Enhancement Proposals*)と呼ばれる拡張提案のしくみを紹介します。

コミュニティ主体のOSS

　Pythonは、コミュニティが主体となって開発しているフリーのOSS(*Open Source Software*)です。ライセンスや商標は、非営利団体Pythonソフトウェア財団(*Python Software Foundation*)[注14]が管理をしています。PythonのソースコードはGitHub上のpython/cpythonリポジトリ[注15]にあり、誰でもソースコードが読めて開発に参加できます。PythonのライセンスはGPL(*GNU General Public License*)互換のPSFL(*Python Software Foundation License*)[注16]で、ソースコードの利用だけでなく、改変や配布も誰もが行えます。

　また、ソースコードだけでなく、公式ドキュメントなどもOSSとしてメンテナンスされています。先ほども述べたように、筆者がPythonを学び始めた頃は日本語の書籍は少なかったのですが、公式ドキュメントは当時から有志の方々による日本語翻訳が非常に充実していました[注17]。言語の生い立ちや特徴、コミ

注14　https://www.python.org/psf/
注15　https://github.com/python/cpython
注16　https://docs.python.org/ja/3/license.html
注17　日本語翻訳版の公式ドキュメントは、現在https://docs.python.org/ja/3から配信されていますが、当時はhttps://docs.python.jpから配信されていました。https://atsuoishimoto.hatenablog.com/entry/2019/02/27/190304

ュニティを含めたエコシステム全体が初学者に優しい雰囲気を持っていると感じたことを今でも覚えています。

● PyCon ── Pythonユーザーが集まるカンファレンス

PyConと呼ばれる、Pythonの開発者やユーザーが集まるカンファレンスがあります。PyConは、アメリカで開催されるPyCon USをはじめ、世界各地で活発に行われています[注18]。

日本でも毎年PyCon JP[注19]が開催されており、近年の参加者数は1,000人近くにのぼります。また、日本ではPyCon mini SapporoやPyCon mini Osaka、PyCon mini Hiroshima、PyCon Kyushuなど地域ごとのイベントも活発に行われています。これらのイベントの多くは一般社団法人PyCon JPが支援しており、過去のイベントの一覧は「Python関連コミュニティへの支援」[注20]にあります。読者のみなさんもぜひ、PyCon JPやそのほかのPythonに関連するイベントに参加して、Pythonコミュニティの雰囲気を肌で感じてください。

PEPの存在

コミュニティが主体で開発するには、コミュニティの中で方針や意見、認識をすり合わせていく必要があります。そのため、PythonにはPEPと呼ばれる拡張提案のしくみが取り入れられています。PEPの目的やガイドラインが書かれた「PEP 1 – PEP Purpose and Guidelines」の「What is a PEP?」[注21]では、PEPを次のように説明しています。

PEP stands for Python Enhancement Proposal. A PEP is a design document providing information to the Python community, or describing a new feature for Python or its processes or environment. The PEP should provide a concise technical specification of the feature and a rationale for the feature.

── 「PEP 1 – PEP Purpose and Guidelines」『python.org』https://www.python.org/dev/peps/pep-0001/

日本語訳は以下です。

注18 各国で開催されるPyConの一覧はhttps://pycon.org/にあります。

注19 https://www.pycon.jp/

注20 https://www.pycon.jp/support/community.html#id3

注21 https://www.python.org/dev/peps/pep-0001/#what-is-a-pep

> PEPはPython拡張提案（Python Enhancement Proposal）を表しています。PEPはPythonのコミュニティに対して情報を提供したり、Pythonの新機能やプロセス、環境などを説明するための設計書です。PEPは、技術的な仕様と、その機能が必要な論理的な理由を提供しなければなりません。
>
> ──「Python Enhancement Proposal: 1」『Sphinx-Users.jp』https://sphinx-users.jp/articles/pep1.html

ここに記載されているように、PEPにはPythonに関するさまざまな情報が文書としてまとめられています。たとえば、コーディング規約、Pythonのリリーススケジュール、さまざまなインタフェース定義、これまで提案されてきた機能に関する議論の結果などがあります。

PEPのワークフローの詳細はPEP 1の「PEP Workflow」で説明されており、適切なワークフローにのっとることで、誰でも新機能などを提案できます。また、詳細な議論はメーリングリスト上で行われているため、それらを購読するのもよいでしょう[注22]。

現在承認されているPEPの一覧は、公式サイトの「PEP 0 - Index of Python Enhancement Proposals（PEPs）」[注23]で確認できます。

以降では、Pythonを始める際に特に知っておくとよいPEPを紹介します。

● PEP 8：Style Guide for Python Code —— Python標準のスタイルガイド

「PEP 8 - Style Guide for Python Code」[注24]は、Pythonの標準ライブラリのコーディング規約です。PEP 8は標準ライブラリのコーディング規約ですが、現在では多くのPythonプロジェクトがPEP 8に従っています。そのため、Pythonでアプリケーションを書く際には、PEP 8に従うことをお勧めします。

PEP 8は可読性や一貫性を重要視しており、PEP 8に従うと可読性の高いコードになります。いくつか具体的な項目を示します。

- **命名規則**
- **インデントはスペース4つ**
- **括弧の前後の空白は不要**
- **演算子の前後はスペース1つ**

注22　メーリングリストの一覧はhttps://www.python.org/community/lists/ にあります。

注23　https://www.python.org/dev/peps/

注24　https://www.python.org/dev/peps/pep-0008/ 日本語翻訳版はhttps://pep8-ja.readthedocs.io/ja/latest/ にあります。

PEP 8には、ほかにも多くの項目が記載されています。一度は必ず目を通しておきましょう。

また、実際にコードを書くときには、Flake8[注25]、pycodestyle[注26]、Black[注27]などのPEP 8に準拠したチェッカーやコード自動整形ツールの活用をお勧めします。

● PEP 20：The Zen of Python ── Pythonの設計ガイドライン

「PEP 20 – The Zen of Python」[注28]は、Pythonの設計指針となっている格言集です。Pythonでコードを書く際、常に心にとどめておくとよい内容になっています。

The Zen of Pythonの全文は、Pythonを対話モードで起動して import this と入力すると確認できます[注29]。たとえば、最初の格言は「Beautiful is better than ugly.」です。日本語にすると「きたないよりきれいなほうがよい」となり、ここにも読みやすさを重視するPythonの哲学が現れています。

```
# 起動時のメッセージを抑制してPythonを起動
$ python3 -q
>>> import this
The Zen of Python, by Tim Peters

Beautiful is better than ugly.
Explicit is better than implicit.
Simple is better than complex.
Complex is better than complicated.
Flat is better than nested.
Sparse is better than dense.
Readability counts.
Special cases aren't special enough to break the rules.
Although practicality beats purity.
Errors should never pass silently.
Unless explicitly silenced.
In the face of ambiguity, refuse the temptation to guess.
There should be one-- and preferably only one --obvious way to do it.
Although that way may not be obvious at first unless you're Dutch.
Now is better than never.
Although never is often better than *right* now.
```

注25　http://flake8.pycqa.org/en/latest/
注26　https://pycodestyle.readthedocs.io/en/latest/
注27　https://black.readthedocs.io/en/stable/
注28　https://www.python.org/dev/peps/pep-0020/
注29　The Zen of Pythonの各項目に関しては、atsuoishimoto氏の「The Zen of Python 解題 - 前編」（https://atsuoishimoto.hatenablog.com/entry/20100920/1284986066）と「The Zen of Python 解題 - 後編」（https://atsuoishimoto.hatenablog.com/entry/20100926/1285508015）が詳しいです。

```
If the implementation is hard to explain, it's a bad idea.
If the implementation is easy to explain, it may be a good idea.
Namespaces are one honking great idea -- let's do more of those!
```

● PEP 257：Docstring Conventions ── ドキュメントの書き方

Pythonは、Docstringと呼ばれるドキュメントをソースコード内に埋め込めます。Docstringは、通常のコメントと同様にソースコードを読むときに役立ちますが、それだけでなく2.2節で説明する組み込み関数help()などプログラムからも参照して活用できます。Docstringを書くときは、次のように3つのクオート("""または''')で囲んで記述します。

```
def increment(n):
    """引数に1を加えて返す関数

    :param n: 数値
    """
    return n + 1
```

Docstringは、次章以降で紹介する関数、クラス、メソッド、モジュールなどを対象にしてドキュメントを記述できます[注30]。このDocstringの使い方を記したPEPが、「PEP 257 – Docstring Conventions」[注31]です。PEP 257に記載されている書き方で1行のDocstringを書くと、次のようになります。

```
def nop(n):
    """1行で完結するDocstring"""
    return n
```

同様に、複数行に渡るDocstringの場合は、次のようにします。

```
def nop(n):
    """簡潔に説明した1行

    空行を1行だけ入れてから詳細を書く

    :param n: 引数ごとに説明を書く
    """
    return n
```

注30　関数については5章で、クラスとメソッドについては6章で、モジュールについては7章で解説します。
注31　https://www.python.org/dev/peps/pep-0257/

PEP 257には、ほかにも注意すべきことが書かれているので一度目を通してください。

ただし、PEP 257は文法を規定しているものではありません。たとえば、「引数や戻り値の型情報をどう書くか」などは、プロジェクトを始める際にチームで決めましょう。その際はIDE（*Integrated Development Environment*、統合開発環境）や使用するライブラリが期待する記法を確認し、Docstringを最大限に活用してください。よく使われる記法には、reStructuredTextを使った記法[注32]、numpydocの記法[注33]、Google Python Style Guideの記法[注34]があります。

1.4
本章のまとめ

本章では、Pythonのプログラミング言語としての特徴、Pythonの歴史と現況、そしてPythonコミュニティについて紹介しました。

Pythonは初学者にも扱いやすい言語です。しかし、それを支えているのは文法だけではありません。コミュニティが作り上げてきたさまざまな文化が大きく影響しています。次章以降はPythonを実践的に使いこなすための内容が中心となりますが、その裏にあるPythonの文化やコミュニティの考え方も可能な限り紹介していきます。

注32　https://www.sphinx-doc.org/en/2.0/usage/restructuredtext/domains.html#info-field-lists
注33　https://numpydoc.readthedocs.io/en/latest/format.html#docstring-standard
注34　https://google.github.io/styleguide/pyguide.html#38-comments-and-docstrings

第**2**章

Pythonのインストールと
開発者向けの便利な機能

　Pythonのプログラムを実行するためには、読者のみなさんが利用するマシンにPythonをインストールする必要があります。

　本章では、Pythonのインストールを行い、Pythonを実行する方法を説明します。インストールするPythonのバージョンはPython 3.8で、対象とするOSはmacOS、Windows、Ubuntuです。本書に出てくるソースコードは筆者のmacOS上で動作確認を行っていますが、Pythonはマルチプラットフォームな言語であるため、そのほとんどはWindowsやUbuntuでも動きます。

2.1
Pythonのインストール

　Pythonは、マルチプラットフォームなプログラミング言語で、サポートする動作環境は多岐に渡っています。公式サイトでは、ソースコードの配布だけでなく、Windows向けのインストーラ、macOS向けのインストーラも提供されています。ここでは、macOSとWindowsの公式インストーラを利用したインストール手順と、Ubuntuでパッケージ管理ツールを利用したインストール手順を紹介します。

OSにプリインストールされているPython

　macOSやLinuxの各ディストリビューションでは、Pythonがプリインストールされている場合があります。これは、Pythonがシステム管理ツールとしても利用されているためです。

　しかし、OSにプリインストールされているPythonは、バージョンが古い場合も多いです。また、プリインストールされているPythonをアップデートすると、そのPythonに依存しているシステム管理ツールが動かなくなる恐れもあります。そのため、自分で用意したプログラムを動かす際は、これから説明する手順でインストールしたPythonを利用しましょう。

macOSでの利用

　macOSでのPythonのインストールは、公式サイトにあるmacOS向けのインストーラを利用してインストールする方法、Homebrewなどのパッケージ管理

ツールを利用する方法、ソースコードからビルドする方法などがあります。ここでは、公式サイトにあるインストーラを利用する方法を紹介します。

● 公式インストーラを利用したインストール

macOS向けのインストーラは、公式サイトの「Python Releases for Mac OS X」[注1]よりダウンロードできます。本書では執筆時点での最新版である「Python 3.8.1 - Dec. 18, 2019」の「macOS 64-bit installer」を利用します。インストーラのダウンロードが完了したら、ダブルクリックで起動すると**図2.1**の画面が表示されます。

ここでは画面の指示に従い、すべてデフォルトのままインストールを進めてください。Pythonのインストールが完了したら**図2.2**の画面が表示されるので、そのまま画面に従いSSL (*Secure Socket Layer*) 証明書のインストールも行います。「the Finder window」をクリックして開かれるディレクトリのInstall Certificates.commandをダブルクリックすると、SSL証明書のインストールが

注1 https://www.python.org/downloads/mac-osx/

図2.1 mac OS向け公式インストーラの起動画面

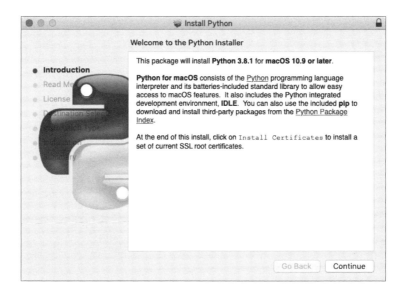

図2.2 macOS向け公式インストーラの完了画面

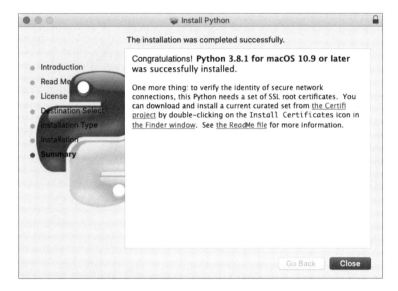

始まります注2。SSL証明書のインストールが完了すると [Process completed] と表示されるので、ターミナルを起動しpython3 -Vを実行してみましょう。インストールしたPythonのバージョンが表示されたら、インストールは成功です。

```
$ python3 -V
Python 3.8.1
$ python3.8 -V  # python3.8コマンドもインストールされる
Python 3.8.1
```

Windowsでの利用

WindowsでのPythonのインストールは、公式サイトにあるWindows向けのインストーラを利用してインストールする方法、Microsoftストアからインストールする方法などがあります。本書では、公式サイトにあるインストーラを利用する方法を紹介します。

Windows向けのインストーラは、web-based installer と executable installer の2種類があります。web-based installerは、インストーラ本体のダウンロードサイズが小さくなっており、必要なファイルをインストール中にダウンロードし

注2 「the Finder window」をクリックして開かれるディレクトリは、/Applications/Python 3.8/ です。

ます。一方executable installerは、デフォルト設定で必要となるコンポーネントがすべて含まれています。そのため、インターネット接続がない環境でもインストールを実行できます。

● **公式インストーラを利用したインストール**

Windows向けのインストーラは、公式サイトの「Python Releases for Windows」[注3]からダウンロードできます。本書では執筆時点での最新版である「Python 3.8.1 - Dec. 18, 2019」の「Windows x86-64 executable installer」を利用します[注4]。インストーラのダウンロードが完了したら、ダブルクリックで起動すると**図2.3**の画面が表示されます。

ここでは、画面下部にあるチェックボックス「Install launcher for all users (recommended)」「Add Python 3.8 to PATH」の両方にチェックを付けてから、「Install Now」をクリックしてインストールを進めてください。Pythonのインストールが完了したら、**図2.4**の画面が表示されます。PowerShellを起動し、py -0を実行してみましょう[注5]。インストールしたPythonのバージョンが表示されたら、インストールは成功です。

```
# インストールされているPythonのバージョン一覧を表示する
PS C:\Users\rhoboro> py -0
Installed Pythons found by C:\windows\py.exe Launcher for Windows
 -3.8-64 *

# pythonコマンドもインストールされている
PS C:\Users\rhoboro> python -V
Python 3.8.1
```

Ubuntuでの利用

UbuntuをはじめとするLinuxの各ディストリビューションでは、公式サイトからインストーラの提供は行われていません。そのため、ディストリビューシ

注3　https://www.python.org/downloads/windows/

注4　本書で利用しているインストーラは64ビット版のWindows向けのものです。32ビット版のWindowsを利用している場合は、「Windows x86 executable installer」を利用してください。https://support.microsoft.com/ja-jp/help/827218/how-to-determine-whether-a-computer-is-running-a-32-bit-version-or-64

注5　pyコマンドはWindowsでのみ利用できるコマンドで、py.exeを実行してインストールされている最新バージョンのPythonを起動します。py.exeの詳細は、python.jpの「Pythonの実行方法」を確認してください。https://www.python.jp/install/windows/py_launcher.html

図2.3 Windows向け公式インストーラの起動画面

図2.4 Windows向け公式インストーラの完了画面

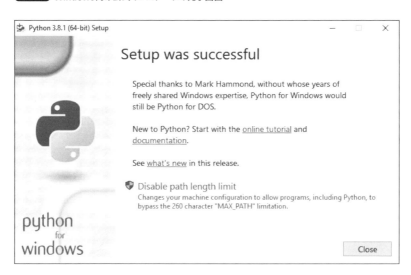

ョンごとに付属のパッケージ管理ツールを利用したり、ソースコードからビルドしてインストールします。本書では、UbuntuでAPTを利用するインストール方法を紹介します。動作確認を行った環境は、Desktop版Ubuntu 18.04.3 LTS

(*Long Term Support*)をMinimal構成でインストールしたものです。

● APTを利用したインストール

Ubuntuでは、Python本体のほかにpython3.8-venvとpython3-pipもインストールします。これらは、macOSやWindowsで公式のインストーラを利用した際には、標準で利用可能になるツールです。venvの詳細は11.1節で、pipの詳細は11.2節で紹介します。

次のコマンドを実行すると、Pythonのインストールが始まります。

```
# 利用可能なパッケージの一覧を更新
$ sudo apt update

# Python本体と標準ツールをインストール
$ sudo apt install -y python3.8 python3.8-venv python3-pip
```

インストールが完了したら、python3.8 -Vを実行してみましょう。インストールされたPythonのバージョンが表示されたら、インストールは成功です[注6]。

```
$ python3.8 -V
Python 3.8.0
```

最近のLinuxディストリビューションでは、OS付属のPythonが3系であることが増えてきました。しかし、先ほども説明したとおり、OSにプリインストールされているPythonのバージョンが3.8だとは限りません。そのため、python3コマンドが利用できても、実行すると3.8以外のバージョンのPythonが起動する場合があります。3.8以外のバージョンが起動する場合は、本書でこの先出てくるpython3コマンドはpython3.8コマンドに読み替えてください。

● そのほかのLinuxでの利用

UbuntuへのPythonのインストール時に利用したaptコマンドは、CentOSなどほかのLinuxディストリビューションでは利用できません。これはディストリビューションごとに利用されているパッケージ管理ツールが異なっているためです。たとえば、CentOSとFedoraではdnfコマンド、Arch Linuxではpacmanコマンドを利用します[注7]。詳しくはディストリビューションごとのドキュメント

注6　本書の執筆時点でのAPTでインストールできる最新バージョンは3.8.0でした。3.8.0と3.8.1で機能に違いはないため、本書を進めるうえでは3.8.0で問題ありません。

注7　CentOS 7以前では、dnfコマンドの代わりにyumコマンドを利用します。

を確認してください。

Dockerの利用

Docker[注8]とは、コンテナ仮想化と呼ばれる技術を扱うためのマルチプラット
フォームなツールで、仮想化されたLinux環境を簡単に配布、実行できます。
Dockerを使うと、マルチプラットフォームで同じLinux環境を利用できるため、
環境依存の問題の多くを解消できます。本書においても、5.3節と7.3節でdocker
コマンドを利用してPythonを実行している箇所があります[注9]。その場合は、コー
ドブロック内にdockerコマンドから記載しています。

OSごとのDockerのインストール手順は、公式ドキュメントの「About Docker
Engine - Community」[注10]に案内があります。ここでは、Dockerがインストール
されている前提で、Dockerを用いてPythonを実行する方法を紹介します。

●公式イメージを利用したPythonの実行

Dockerの公式イメージとして配布されているPythonのコンテナイメージを使
うと、お使いのマシンにPythonをインストールしなくてもコンテナ内でPython
を実行できます。Dockerのコンテナイメージを共有できるDocker Hub[注11]では、
Pythonのコンテナイメージが公式イメージとして配布されています。

公式イメージを利用して、Pythonを実行してみましょう。docker run -it --rm
python:3.8.1コマンドの後ろに、コンテナ内で実行したいコマンド(ここでは
python3 -V)を記述します。初回起動時は、コンテナイメージの取得が行われる
ため少し時間がかかります。コンテナイメージの取得が完了したら、コンテナ内
でpython3 -Vが実行され、結果が出力されます。-itオプションを付けているた
め、ローカルで実行しているかのように、コンテナ内のPythonを利用できます。

```
$ docker run -it --rm python:3.8.1 python3 -V
Unable to find image 'python:3.8.1' locally
3.8.1: Pulling from library/python
16ea0e8c8879: Already exists
50024b0106d5: Pull complete
```

注8　https://docs.docker.com/

注9　本書では、環境依存をなくすためにDockerを利用しています。そのため、Dockerを利用しなくて
　　　もコードの動作確認はできますが、出力結果が異なる場合があります。

注10　https://docs.docker.com/install/

注11　https://hub.docker.com/_/python/

```
ff95660c6937: Pull complete
9c7d0e5c0bc2: Pull complete
29c4fb388fdf: Pull complete
8659dae93050: Pull complete
1dab15ae3109: Pull complete
11b0f6f7c986: Pull complete
d0aebd63fc2b: Pull complete
Digest: sha256:655c26f96ffba2c327de5b1f76a93a8acf53e7839f310ec438a82f5831ead07d
Status: Downloaded newer image for python:3.8.1
Python 3.8.1  # この行がpython3 -Vの実行結果
```

2回目以降のコマンド実行では、取得済みコンテナイメージが利用されるため、すぐに起動します。

```
$ docker run -it --rm python:3.8.1 python3 -V
Python 3.8.1
```

● **スクリプトファイルの実行**

docker runコマンドにオプションを追加すると、カレントディレクトリにあるスクリプトファイルをコンテナ内で実行できます。次の内容でhello_docker.pyを用意してください。

hello_docker.py
```
print('Hello docker')
```

コンテナ内でこのスクリプトファイルを実行するには、次のようにします。-vオプションでカレントディレクトリのマウント先を指定し、-wオプションでマウント先のディレクトリをコマンドの実行ディレクトリに指定しています。

```
$ docker run -it --rm -v $(pwd):/usr/src/app -w /usr/src/app python:3.8.1
python3 hello_docker.py  実際は1行
Hello docker
```

C o l u m n

JupyterLab —— ブラウザで対話モードを実行

Pythonユーザーの中でも特にデータサイエンティストや機械学習エンジニアと呼ばれる方々の間では、Jupyter Notebookや、その後継である**図2.a**のJupyterLabと呼ばれるWebアプリケーションがよく使われています。これら

を使うと、ブラウザ上でPythonの対話モード[注a]を利用でき、コードやその実行結果をノートブックファイル（.ipynb）に保存したり、簡単にほかの人と共有できます。また、ブラウザのリッチな描画環境を活かして、ノートブック内にグラフを描画したり、コードと一緒にドキュメントもまとめられます。そのため、試行錯誤や研究レポートをまとめるのに最適な環境と言えます。

JupyterLabは、11.2節で紹介するpipコマンドでインストールでき、jupyter labコマンド1つで簡単に使い始められます。また、Google Colaboratory[注b]では、クラウド上で用意されているJupyter Notebookの環境を、設定不要かつ無料で誰でも利用できます。さらに、Google Cloud PlatformのAI Platform Notebooks[注c]、Amazon Web ServicesのAmazon SageMaker[注d]、Microsoft AzureのAzure Notebooks[注e]など多くのクラウドベンダーから、JupyterLabやJupyter Notebookの環境を簡単に構築できるサービスが提供されています。

本書のサンプルコードも、対話モードで実行しているコードはノートブックファイルで配布していますので、ぜひ実際に動かしてみてください。

図2.a JupyterLabでノートブックを実行

注a　ノートブックで利用される対話モードは、標準の対話モードを高機能にしたIPythonというシェルになります。

注b　https://colab.research.google.com/notebooks/welcome.ipynb?hl=ja

注c　https://cloud.google.com/ai-platform-notebooks/

注d　https://aws.amazon.com/jp/sagemaker/

注e　https://docs.microsoft.com/ja-jp/azure/notebooks/azure-notebooks-overview

2.2
Pythonの実行

　ここからは、実際にPythonインタプリタを起動して、Pythonを触っていきましょう。

本書で利用するpythonコマンド

　Pythonインタプリタを起動するコマンドは、OSや実行環境によって異なります。本書および筆者の環境はmacOSで、Pythonインタプリタの起動にはpython3コマンドを利用します。macOS以外の環境で本書の手順に沿ってインストールしている場合、以降は次のように読み替えてください。

- Windowsの場合は、Pythonインタプリタの起動コマンドはpyコマンドです[注12]。また、ターミナルはPowerShellに読み替えてください。
- Ubuntuの場合は、Pythonインタプリタの起動コマンドはpython3.8です。

Pythonインタプリタの2つのモード

　Pythonインタプリタの利用法は、大きく2種類あります。

　python3コマンドを引数を何も指定せずに実行すると、Pythonインタプリタは対話モードと呼ばれる状態で起動し、ユーザーからの入力を待つ待機状態となります。対話モードでは、ユーザーがその場で入力するコードが対話的に実行されます。

　もう一つは、Pythonのスクリプトファイルを引数に渡して実行する方法です。この場合、Pythonインタプリタは、そのスクリプトファイルに書かれた一連のコードを即座に実行します。

対話モードのインタプリタ

　それではまず、対話モードでPythonインタプリタを起動してみましょう。ターミナルを起動して、python3を実行してください。次のようにPythonインタ

注12　Windowsのpyコマンドは、インストールされている最新バージョンのPythonを起動します。複数のバージョンのPythonをインストールしている場合は、py -3やpy -2.7を実行すると、そのバージョンのPythonを起動できます。

プリタが起動します。

```
# Windowsの場合はPowerShellでpyを実行
# Ubuntuの場合はターミナルでpython3.8を実行
$ python3
Python 3.8.1 (v3.8.1:1b293b6006, Dec 18 2019, 14:08:53)
[Clang 6.0 (clang-600.0.57)] on darwin
Type "help", "copyright", "credits" or "license" for more information.
>>>
```

　Pythonインタプリタがこのように起動している状態を対話モードと呼びます。プロンプトと呼ばれる>>>や...が表示されているときは、ユーザーからの入力を待っている状態です。この状態でPythonのコードを打ち込んで Enter キーを押すと、その行が実行され結果が返されます。

　対話モードは、試行錯誤や簡単な動作確認に向いた便利な機能です。対話モードを使いこなし、些細な疑問でも一つ一つ挙動を確認しながら進めることが、Pythonの理解を深めるための近道となるでしょう。

　それでは、対話モードの基本的な使い方や挙動を確認していきましょう。

対話モードの基本的な使い方

　対話モードは、入力された行を即座に実行(評価)して結果を返してくれます。値に名前を付けた変数を扱うこともでき、変数名だけを入力するとその変数の値が表示されます。このとき、入力された変数が定義されていない場合は、エラーが表示されます。

　実際に対話モードを触りながら、その動きを確認していきましょう。なお、Pythonでは#以降はコメントになります。そのため、本書のコードブロック中に出てくる#以降は入力する必要はありません。

```
>>> 1 + 2  # 式の実行
3
>>> print('Hello world')  # print()の実行
Hello world
>>> a = 1  # 変数を定義
>>> a  # 変数の値を確認
1
>>> b = 2
>>> a + b
3
>>> c  # 定義されていない場合はNameError
Traceback (most recent call last):
```

```
   File "<stdin>", line 1, in <module>
NameError: name 'c' is not defined
```

　対話モードでは、自分が作成したモジュールや標準ライブラリも利用できます。標準ライブラリの os モジュールを例にとり、カレントディレクトリのパスを表示してみましょう。os モジュールで定義されている getcwd() 関数は、カレントディレクトリの絶対パスを返してくれます。

```
>>> import os  # モジュールはインポートが必要
>>> os.getcwd()
'/Users/rhoboro/workspace'
```

　対話モードは、1行ずつコードを実行しますが、複数行に渡る一連のブロックも書けます。複数行に渡るブロックを入力する際は、空行を入れずに記述します。これは、Python インタプリタが空行を受け取ると一連のユーザー入力が終了したと解釈し、そこまでの内容を一気に実行するためです。

　それでは、複数行に渡るコード例として increment() 関数を定義してみましょう。

```
# 関数を定義する
>>> def increment(n):
...     n += 1
...     return n  # 次の行は空行のまま Enter キー
...
>>>
```

　これで、increment() 関数が定義されました。変数 increment が関数であることを確認し、実際に関数として呼び出してみましょう。

```
# NameErrorにはならない
>>> increment
<function increment at 0x10fb7bf28>
>>> increment(2)  # 引数に2を渡して関数を呼び出す
3
```

　対話モードの基本的な使い方は、ここまでとなります。最後に、対話モードの終了方法を紹介します。組み込み関数 quit() を実行すると対話モードは終了し、もとのシェルに戻ります。quit() を実行する代わりに Ctrl + D (Windows の場合は、Ctrl + Z、Enter)でも終了できます。

```
>>> quit()
$
```

　これ以降、本書のコードブロックで先頭に `>>>` を記述している場合は、対話モードで実行していることとします。手もとで本書のコードを実行する際は、対話モードで実行してください。

対話モードでよく使う組み込み関数

　Pythonには、組み込み関数と呼ばれるいつでも利用できる関数があります。組み込み関数は、公式ドキュメントの「組み込み関数」[注13] に一覧が記載されています。ここでは、組み込み関数の中から対話モード中に利用すると特に便利なものをいくつか紹介します。本書を読み進める中で疑問が出てきた際は、これらを利用して一つずつ解決していきましょう。

●type() —— オブジェクトの型を調べる

　type()は、引数で渡したオブジェクトの型を返してくれる組み込み関数です。Pythonでは、変数に格納したり、引数や戻り値として利用できるデータはすべてオブジェクトと呼ばれます。式の結果や関数の戻り値もオブジェクトなので、それらを調べる際には重宝します。

```
>>> type(1)  # type()は引数に渡した値の型を返す
<class 'int'>
>>> type(1 + 1.0)  # intとfloatの足し算の結果はfloat
<class 'float'>

# print()の戻り値を変数に格納
>>> return_value = print('Hello world')
Hello world

# print()の戻り値の型はNoneType
>>> type(return_value)
<class 'NoneType'>  # type()の実行結果
```

●dir() —— オブジェクトの属性を調べる

　Pythonでは、オブジェクトが持つ変数やメソッドを総称して属性と呼びます。

注13 https://docs.python.org/ja/3/library/functions.html

オブジェクトの属性はobj.xのようにドット(.)でつなげると参照できます。

dir()は、引数で渡したオブジェクトの属性の一覧をリストで返してくれる組み込み関数です。dir()もtype()と同様、式の結果や外部で定義されている関数の戻り値を調べるときに活躍します。

```
>>> s = 'Hello world'

# 文字列が持つ属性の一覧
# 前後に__が付いているものはPythonが暗黙的に利用する属性
>>> dir(s)
['__add__', '__class__', '__contains__', ... 'upper', 'zfill']

# オブジェクトの属性はドット (.) でつなげると参照できる
>>> s.upper
<built-in method upper of str object at 0x100587eb0>
>>> s.upper()  # メソッドは()をつけると実行できる
'HELLO WORLD'
```

● help() ── ヘルプページを表示する

help()は、引数に渡したオブジェクトのヘルプページを表示してくれる組み込み関数です。標準ライブラリのjsonモジュールで試してみましょう。ヘルプページを表示させたいオブジェクトを引数にして、help()を呼び出します。次のコードを実行すると、対話モードの画面がヘルプページへと切り替わります。

```
>>> import json
>>> help(json)
```

ヘルプページでの操作は、CLI(*Command Line Interface*)でよくある操作体系と似ています。jまたは↓で下へ移動、kまたは↑で上へ移動、/で検索、qで終了(Windowsの場合は、Enterで下へ移動、qで終了)です。

```
Help on package json:

NAME
    json

DESCRIPTION
    JSON (JavaScript Object Notation) <http://json.org> is a subset of
    JavaScript syntax (ECMA-262 3rd edition) used as a lightweight data
    interchange format.
```

```
:mod:`json` exposes an API familiar to users of the standard library
:mod:`marshal` and :mod:`pickle` modules.  It is derived from a
version of the externally maintained simplejson library.
(省略)
```

　特定のメソッドの引数や戻り値を調べたいときは、組み込み関数help()にそのメソッドを直接渡すと便利です。筆者は、正確なメソッド名が思い出せない場合には、先ほどの組み込み関数dir()でめぼしい名前を見つけてからhelp()に渡しています。

```
# 属性一覧を見て目的の名前を探す
# たとえばloadとloadsは名前が似ていて紛らわしい
>>> dir(json)
['JSONDecodeError', ... 'encoder', 'load', 'loads', 'scanner']
>>> help(json.load)  # 属性を指定してhelpページを表示
```

　この場合は、そのメソッドのヘルプだけを表示してくれます。

```
Help on function load in module json:

load(fp, *, cls=None, object_hook=None, parse_float=None, parse_int=None, p ⏎
arse_constant=None, object_pairs_hook=None, **kw)
    Deserialize ``fp`` (a ``.read()``-supporting file-like object containing
    a JSON document) to a Python object.
(省略)
```

● Docstringを使ったヘルプページの作成

　ヘルプページは、1.3節で紹介したDocstringを利用してソースコードから自動生成されています。つまり、自分で書いたコードでもDocstringを用意すると、ヘルプページで表示されます。

　それでは、実際にやってみましょう。increment()関数を定義し、Docstringに引数と戻り値の説明を書いてみます。

```
>>> def increment(n):
...     """nに1を足して返す
...
...     :param n: 数値
...     :return: nに1を足した数値
...     """
...     return n + 1
...
```

increment()関数が定義された状態でhelp(increment)を実行すると、Docstringから生成されたヘルプページが表示されます。

```
Help on function increment in module __main__:

increment(n)
    nに1を足して返す

    :param n: 数値
    :return: nに1を足した数値
(END)
```

このように、Docstringはソースコードの可読性を上げるだけでなく、ユーザーにとっても非常に役立つドキュメントとなります。また、組み込み関数や標準ライブラリのDocstringは特に充実しています。概要や引数の意味、戻り値などを調べたいときは、この機能を使ってください。

スクリプトの実行

ここまでは、対話モードでPythonを実行してきました。ここからはPythonのコードをファイルに書き出し、そのファイルからプログラムを実行してみましょう。ソースコードをファイルに書き出し、繰り返し実行可能にしたものは一般にスクリプトと呼ばれます。本書では、主な用途としてpython3コマンドで直接実行するものをスクリプトと呼びます。

カレントディレクトリに、次のhello.pyを作成してください。Pythonのコードを記述したファイルには、拡張子に.pyを使います。このコードは、文字列こんにちはを表示するだけのプログラムです。

hello.py
```python
# 関数を定義
def func(message):
    print(message)

# 定義した関数の呼び出し
func('こんにちは')
```

それでは、このスクリプトを実行しましょう。スクリプトファイルのパスを引数に指定して、python3コマンドを実行します。こんにちはと表示されたら成功です。

```
$ python3 hello.py
こんにちは
```

●モジュールをスクリプトとして実行

　プログラムを再利用や配布が可能な形式にまとめたものは、一般にライブラリと呼ばれます。Pythonでも標準ライブラリとして多くのプログラムが提供されていたり、サードパーティ製のライブラリもたくさんあります。

　Pythonでは、先ほどのスクリプトファイルhello.pyのように、Pythonのコードを記述したファイルをモジュールと呼びます。また、複数のモジュールを集めたものをパッケージと呼び、ライブラリの実体はこのパッケージです[注14]。モジュールやパッケージの多くは、Pythonのコード中で読み込んでから利用されます。しかし、中にはpython3コマンドでパッケージに含まれるモジュールを指定すると、スクリプトとして直接実行可能なものもあります。

　一例として、標準ライブラリの中からunittestモジュールを直接実行してみましょう。次の内容でtest_hello.pyを作成してください。これは、先ほどのhello.pyに対応するテストコードです。ユニットテストについては第12章で紹介するため、コードの解説は省略しますが、コード内でunittestモジュールを読み込んで利用しています。

```
test_hello.py
# unittestモジュールを読み込んで利用
import unittest

class TestFunc(unittest.TestCase):
    def test_func(self):
        from hello import func
        self.assertIsNone(func('こんにちは'))
```

　モジュールをpython3コマンドからスクリプトとして実行するには、次のように-mオプションでモジュールを指定します。このとき、モジュールに渡す引数がある場合は最後に追加します。

注14　モジュールやパッケージの詳細については第7章で説明します。

```
# unittestモジュールを直接実行
$ python3 -m unittest test_hello
こんにちは
こんにちは
.
----------------------------------------------------------------------
Ran 1 test in 0.002s

OK
```

　スクリプトとして直接実行できるモジュールには、ここで紹介したunittest
モジュール以外にも11.1節で紹介するvenvや同じく11.2節で紹介するpipがあ
ります。

pythonコマンドとpython3コマンドの違い

　本書ではpython3コマンドでPythonを起動しています。Pythonには、python
コマンドもありますが、こちらは環境によって起動するPythonのバージョンが
2系だったり、3系だったりします。たとえば、筆者の環境のpythonコマンド
では、macOSにプリインストールされているPython 2.7が起動します。2系と3
系では互換性のない変更が含まれているため、先ほどのhello.pyをpythonコマ
ンドで実行するとエラーとなります。

```
# Python 2系は文字コードの指定なしでは日本語を扱えない
$ python hello.py
  File "hello.py", line 4
SyntaxError: Non-ASCII character '\xe3' in file hello.py on line 4, but no ⏎
encoding declared; see http://python.org/dev/peps/pep-0263/ for details
```

　このように、Python 3系で動かす前提で書いたコードはPython 2系で実行す
ると動かないことがあります。また、仮にPython 2系でも動いたとしても、パ
フォーマンスの面から考えると3系で動かせるものをあえて2系で動かすメリ
ットはほとんどないでしょう。したがって、Python 3系を使う場合は、python3
コマンド（Windowsの場合は、py -3コマンド）を使っておくと確実です。

2.3
本章のまとめ

　本章では、macOS、Windows、Ubuntuの各環境でPythonのインストールを行い、対話モードやスクリプトを用いてPythonインタプリタを実行しました。また、対話モードで利用できる便利な組み込み関数をいくつか紹介しました。

　次章からは、いよいよPythonを使いこなすために必要な言語仕様、文法、機能に触れていきます。本章で紹介した組み込み関数を活用しながら読み進めると、より理解が深まるでしょう。

第**3**章

制御フロー

　プログラミング言語を使ってコードを書くためには、その言語の文法と条件分岐、ループ、例外処理などの制御フローの知識が必要になります。Pythonの文法と制御フローは、ほかのプログラミング言語と比べると比較的シンプルになっているため、その多くは手を動かしているうちに自然と覚えられるでしょう。

　本章では、Pythonでコードを書く際に基本となる文法と制御フローについて説明します。

3.1
基本となる文法

　まずは、インデントや変数の宣言、コメントなどのPythonでのコーディング全体に関わる文法を見ていきます。対話モードを起動し、実際の動きを手もとで確認しながら進めてください。

インデントによるブロックの表現

　Pythonのコードは、インデントを利用してブロックを表現します。ここでいうブロックとは、C言語やJavaなどで波括弧を使って表現される箇所を指します。C言語やJavaと同様、クラスや関数定義、条件分岐やループなどさまざまなシーンでブロックが利用されます。

　たとえば、次のコードはpy2_or_py3()関数を定義するコードです。この関数は実行中のPythonが2系であれば文字列 'Python 2'、それ以外であれば文字列 'Python 3' を返します[注1]。2行目の行末にあるコロン(:)を開始の目印として、3行目から空行までのインデントが下がっている部分がブロックと呼ばれます。このブロック全体がpy2_or_py3()関数が行う処理です。また、if文による条件分岐後のそれぞれの処理もまた、インデントが1段下がっているためブロックとなっています。

```
>>> import sys
>>> def py2_or_py3():
...     # インデントが下がっている
...     # 実行中のPythonのバージョンを取得
...     major = sys.version_info.major
```

注1　この関数はPython 1.xでの実行は想定していません。

```
...    if major < 3:
...        # さらにインデントが下がっている
...        return 'Python 2'
...    else:
...        # 同じくインデントが下がっている
...        return 'Python 3'
...

# 実行環境はPython 3.8
>>> py2_or_py3()
'Python 3'
```

●インデントの幅

インデントの幅は1.3節で紹介したPEP 8に従い、スペース4つで書くことをお勧めします。エディタの自動インデントなどによりスペースとタブが混在すると、特に見つけにくいエラーとなるため注意が必要です。対話モードを使って試行錯誤や動作確認を行う際は、効率を重視してスペースを減らして書くのもよいでしょう。本書では、対話モードではスペース2つ、スクリプトなどファイルに記述する場合はスペース4つとしています。

●pass文 —— 何もしないことの宣言

Pythonはインデントでブロックを表現するため、ブロックの終わりを示す括弧が存在しません。また、言語の仕様上、ブロックが必要となる箇所では、次の行にインデントがない限り必ずエラーとなります。これは空行を挟んだとしても変わりません。これで困るシーンが「何もしない」を表現したいときです。

たとえば、本章の後半で紹介する独自の例外の基底クラスでは、クラス定義のブロックに記述したい内容が何もないことがよくあります。クラス定義の詳細については6.1節で紹介しますが、クラスを定義するときには処理のブロックがないとインデントが不正となり例外IndentationErrorが発生します。

```
# 2行目はEnterだけを入力
>>> class PracticeBookError(Exception):
...
  File "<stdin>", line 2

    ^
IndentationError: expected an indented block
```

この場合は、pass文を使うと解決します。pass文はプログラムの実行時には何もしませんが、pass文があることでそこにブロックが存在していることをPythonに伝えられます。

```
>>> class PracticeBookError(Exception):
...     pass
...
```

クラス定義や関数定義では、pass文の代わりに1.3節で紹介したDocstringを使ってもよいでしょう[注2]。

```
>>> class PracticeBookError(Exception):
...     """モジュール独自の例外の基底クラス"""
...
```

変数の利用

値に名前を付けて再利用可能にしたものを変数と言います。C言語やJavaで変数を利用する場合には、int iのように型情報を宣言する必要があります。しかし、Pythonでは、変数の利用を開始するときに型の宣言は不要です。新しい変数を定義したいときは、代入文を書くだけで定義され、すぐに利用できます[注3]。

```
# 新しい変数を定義
>>> num = 3
>>> num
3

# 未定義の場合は例外が発生
>>> nam
Traceback (most recent call last):
  File "<stdin>", line 1, in <module>
NameError: name 'nam' is not defined
```

複数の変数をカンマ(,)区切りで並べると、複数の値を一度に代入できます。

注2 　もう一つの方法として、省略を表現するEllipsisオブジェクトも利用できます。Ellipsisは、ドットを3つ入力する(...)と作成できます。https://docs.python.org/ja/3/library/constants.html#Ellipsis

注3 　変数名の命名規則は1.3節で紹介した「PEP8 -- Style Guide for Python Code」に従うとよいでしょう。日本語翻訳版はhttps://pep8-ja.readthedocs.io/ja/latest/#id23にあります。

```
# 複数の変数を一度に定義
>>> x, y, z = 1, 2, 3
>>> x
1
>>> y
2
>>> z
3
```

なお、Pythonでは値が変わらない定数は定義できません。つまり、ユーザーが定義する変数はすべて上書きが可能です[注4]。そこで、1.3節で紹介したPEP 8では、変数として利用したい値の名前にはlocal_numberのように小文字を使い、定数として利用したい値の名前にはCONST_NUMBERのように大文字を使うことが推奨されています。

●型の宣言がいらない理由

Pythonで変数を使うときに型の宣言が不要な理由は、Pythonが動的型付き言語であるためです。

動的型付き言語は、プログラムの実行中に型を自動で判定しながら処理を行います。そのため、型を明示していなくても実行時には必ず型が決まっています。暗黙的な型変換は行われないため、コードを書くときには型を意識する必要があります。

たとえば、次のように数値型の値と文字列型の値を+演算子でつなぐとエラーとなります。

```
>>> i = 1
>>> s = '2'
>>> i + s
Traceback (most recent call last):
  File "<stdin>", line 1, in <module>
TypeError: unsupported operand type(s) for +: 'int' and 'str'
```

しかし、数値型と数値型、文字列型と文字列型のように型をそろえると、それぞれの型に沿った演算が行われます。

注4　TrueやFalse、Noneなどの組み込み定数は、キーワードとして登録されており上書きできません。

```
# どちらも数値型として演算
>>> i + int(s)
3

# どちらも文字列型として演算
>>> str(i) + s
'12'
```

コメント

　コメントは、コードの背景や意図などコードだけでは伝えられない情報を読み手に伝えるための重要な機能です。Pythonではシャープ(#)以降がコメントになります。#は行頭、行の途中どちらでも書くことができ、複数行に渡るコメントを書きたい場合はすべてのコメント行に#を付けます。

```
>>> # この行はコメント
...
>>> def comment(): # ここはコメント
...     pass
...
```

● コメントとDocstringの違い

　コメントに似た機能に、1.3節で紹介したDocstringがあります。Docstringは、

C o l u m n

動的型付き言語と静的型付き言語の特徴

　一般的には、動的型付き言語は記述量が少なく気軽にコードを書ける、コンパイル[注a]が不要で即時実行できるため試行錯誤しやすいなどのメリットがあります。その代わり、実行時にはオーバーヘッドが生じるため、静的型付き言語に比べると実行中の処理速度は劣ります。

　本書はPythonを題材にしていますが、プログラミング言語は1つの指標で優劣が決まるものではなく、絶対的に優れた唯一の言語はありません。用途や周りの状況、自分の好みなどを考慮し、複数の言語をうまく使い分けていくとよいでしょう。

注a　コンパイルとは、ソースコードをコンピュータが実行可能な形式に変換することを言います。この変換を行うソフトウェアをコンパイラと呼びます。

コメントと違ってさまざまなツールからも参照できるドキュメントです。Docstringが使えるシーンでは、必要な情報はできるだけDocstringに記述し、ソースコード中のコメントは補足的に利用するとよいでしょう。

まれに次のようなコードを見かけます。

```
def py2_or_py3():
    major = sys.version_info.major
    if major < 3:
        """
        Python 1.xでの実行は想定しない
        """
        return 'Python 2'
    else:
        return 'Python 3'
```

このコードは、先ほどと同じく実行中のPythonのバージョンが2系か3系かを判定する関数です。「Python 1.xでの実行は想定しない」の部分は、一見Docstringに見えます。しかし、Docstringはモジュールの冒頭と関数、クラス、メソッドの定義でのみ使える機能です。したがって、if文の中に書かれたこの部分はDocstringではなく、ただの変数への代入を行わない文字列定義です。

この場合は、#で始めてコメントにするか、記述場所を変えてDocstringにしましょう。コメントにする場合は、次のようになります。

```
def py2_or_py3():
    major = sys.version_info.major
    if major < 3:
        # Python 1.xでの実行は想定しない
        return 'Python 2'
    else:
        return 'Python 3'
```

関数のDocstringにする場合は、次のようになります。

```
def py2_or_py3():
    """実行中のPythonが2系か3系かを判定する

    この関数はPython 1.xでの実行は想定しない
    """
    major = sys.version_info.major
    if major < 3:
        return 'Python 2'
    else:
        return 'Python 3'
```

3.2
条件分岐

　Pythonでは、条件分岐を行う方法としてif文が用意されています。条件分岐を利用すると、条件式の結果によって実行する処理を変更できます。

　ほかの言語で利用されることの多いswitch文は、Pythonにはありません。

if文 —— 条件を指定した処理の分岐

　Pythonのif文の構文は、次のようになります。

```
if 条件式1:
    条件式1が真の場合に実行される処理
elif 条件式2:
    条件式1が偽かつ条件式2が真の場合に実行される処理
else:
    すべての条件式が偽の場合に実行される処理
```

　elif節とelse節はどちらも省略できます。また、elif節はいくつでも書けます。if文は上から順に評価されていき、最初に真になった節の処理が実行されます。そのため、条件式1が真の場合は、たとえ条件式2の結果が真であっても条件式2の処理は実行されません。どの条件式も真とならなかった場合は、else節の処理が実行されます。

　次のpy2_or_py3()関数は、Python 3.8で動かすと最初の条件式が偽となり、2番目の条件式が真となるため、文字列'Python 3'が返されます。

```
>>> import sys
>>> def py2_or_py3():
...     major = sys.version_info.major
...     if major == 2:
...         return 'Python 2'
...     elif major == 3:
...         return 'Python 3'
...     else:
...         return 'Neither'
...

# 実行環境はPython 3.8
>>> py2_or_py3()
'Python 3'
```

● **真となる値、偽となる値**

if文の条件式には、どのような式やオブジェクトでも入れられます。これは、Pythonではすべての式やオブジェクトが、真または偽と評価できることを示しています。

Pythonでは、偽となるオブジェクト以外が真と評価されます。Pythonの真理値（真偽値）の判定において、偽となるオブジェクトは次のとおりです。なお、各オブジェクトの詳細については第4章で解説します。

- None
- False
- 数値型のゼロ。0や0.0、0j[注5]
- 文字列、リスト、辞書、集合などのコンテナオブジェクトの空オブジェクト
- メソッド __bool__() がFalseを返すオブジェクト
- メソッド __bool__() を定義しておらず、メソッド __len__() が0を返すオブジェクト

上記に該当しないオブジェクトは、すべて真と評価されます。

● **シンプルな条件式**

Pythonでif文を使うときは、オブジェクトの真理値の判定を利用すると、条件式をシンプルに書けます。たとえば、次のコードを見てください。

```
>>> def first_item(items):
...    if len(items) > 0:   # 要素数から空かどうかを判定
...        return items[0]
...    else:
...        return None
...
>>> first_item(['book'])
'book'
>>> first_item([])   # Noneの場合は何も表示されない
>>>
```

このコードでは、変数itemsがコンテナオブジェクトで、その値が空かどうかをitems内の要素数を使って判定しています。しかし、多くのPythonエンジニアは空のコンテナオブジェクトが偽になることを利用して、次のように書きます。

注5　数値にjまたはJを付けると複素数になります。

```
>>> def first_item(items):
...     if items:  # 空のコンテナオブジェクトは偽になる
...         return items[0]
...     else:
...         return None
...
>>> first_item(['book'])
'book'
>>> first_item([])  # Noneの場合は何も表示されない
>>>
```

Pythonが持つ言語の性質を利用することで、条件式がシンプルになりました。

● **if文でよく使う数値の比較**

if文の条件式では、数値やオブジェクトの比較にさまざまな演算子が利用されます。ここでは、その中でもよく利用するものを紹介します。

まずは、数値どうしの比較でよく利用される演算子です。ほかの言語と同様のものが多く、馴染み深いものも多いと思います。

```
>>> 1 == 1  # 等価の場合にTrue
True
>>> 1 != 1  # 等価でない場合にTrue
False
>>> 1 > 0  # 左辺が大きい場合にTrue
True
>>> 1 < 0  # 右辺が大きい場合にTrue
False
>>> 1 >= 0  # 左辺が大きいまたは等価の場合にTrue
True
>>> 1 <= 0  # 右辺が大きいまたは等価の場合にTrue
False
```

Pythonではx < y < zのように比較をいくつでも連鎖できます。連鎖させた場合の結果は、4.2節で紹介する演算子andで各演算をつなげたものと等価になります[注6]。

```
>>> x, y, z = 1, 2, 3

# x < y and y < zと等価
```

注6　全体の結果は等価ですが、x < y < zの場合はyの評価は1回のみになります。

```
>>> x < y < z
True

# x < y and y > zと等価
>>> x < y > z  # 文法上は正しいが可読性は低い
False
```

●if文でよく使うオブジェクトの比較

オブジェクトどうしの比較で使う演算子は、==、!=、is、is not があります。== と != は等価性（値が等しいか等しくないか）を判定し、is と is not は同一性（同じオブジェクトかどうか）を判定します。数値どうし、文字列どうしなど多くの比較では == と != を利用します。逆に is と is not を使うケースは限られており、その代表的なケースは None との比較です。None との比較で is と is not を使う理由については、4.1節で解説します。

```
>>> x = 'book'
>>> y = 'note'
>>> x == y  # 等価の場合にTrue
False
>>> x != y  # 等価でない場合にTrue
True
>>> x is None  # 同じオブジェクトの場合にTrue
False
>>> x is not None  # 同じオブジェクトでない場合にTrue
True
```

Pythonの便利な演算子として、コンテナオブジェクトで利用できる in と not in があります。コンテナオブジェクトとは、別のオブジェクトを要素として持つオブジェクトの総称です。代表的なコンテナオブジェクトには、第4章で紹介するリストや辞書があります。in と not in は、ある要素がコンテナオブジェクトの中に含まれているか（含まれていないか）を判定します。辞書の場合は、キーの中に含まれているかで判定されます。

```
# itemsはリスト
>>> items = ['book', 'note']

# itemsに'book'が含まれている場合にTrue
>>> 'book' in items
True
```

```
# itemsに'book'が含まれていない場合にTrue
>>> 'book' not in items
False

# countは辞書
>>> count = {'book': 1, 'note': 2}
>>> 'book' in count  # 辞書の場合はキーを用いて判定される
True
>>> 1 in count
False
```

3.3
ループ —— 処理の繰り返し

Pythonでは、ループを行う方法としてfor文とwhile文が用意されています。for文は、リストなどの複数の要素を持つオブジェクトを利用して、要素の数だけブロック内の処理を繰り返します。while文は、条件式が偽になるまでブロック内の処理を繰り返します。

for文 —— 要素の数だけ処理を繰り返す

Pythonのfor文の構文は、次のようになります。

```
for 変数 in イテラブルなオブジェクト:
    繰り返したい処理
```

イテラブルなオブジェクトとは、リストなどの複数の要素を持ったオブジェクトを指します[注7]。for文では、イテラブルなオブジェクトの持つ要素が1つずつ順番に変数に代入され、要素の数だけ処理が繰り返されます。

次の例では、イテラブルなオブジェクトとして3つの要素を持つリストを用意しています。リストの各要素が順番に変数iに代入されながら、要素の数だけ繰り返し処理が実行されています。

```
>>> items = [1, 2, 3]
>>> for i in items:
```

注7　イテラブルなオブジェクトについては、8.2節でも詳しく紹介します。

```
...    print(f'変数iの値は{i}')
...
変数iの値は1
変数iの値は2
変数iの値は3
```

for文を使っても、渡したリスト自体には影響はありません。

```
>>> items
[1, 2, 3]
```

● **for文でよく使う組み込み関数**

Pythonのfor文でよく使われる組み込み関数を2つ紹介します。

組み込み関数range()は、「ある処理をn回繰り返したい」ときに利用します。

```
for 変数 in range(繰り返す回数):
    繰り返したい処理
```

組み込み関数range()に整数nを渡すと、0からn-1までの整数を順に返すイテラブルなオブジェクトを返してくれます。次の例では、処理を3回繰り返すためにrange(3)を呼び出しています。

```
>>> for i in range(3):
...    print(f'{i}番目の処理')
...
0番目の処理
1番目の処理
2番目の処理
```

もう一つは、組み込み関数enumerate()です。繰り返し処理の中でリストのインデックスを使いたいときなどに利用します。

```
for カウント, 変数 in enumerate(イテラブルなオブジェクト):
    繰り返したい処理
```

組み込み関数enumerate()は、渡されたイテラブルなオブジェクトの各要素と一緒に繰り返しのカウントも返します。このカウントはデフォルトで0から始まるため、リストのインデックスなどに利用できます。次の例では、カウントを利用して文字列内の各文字が何番目の文字かを表示しています。この例からわかるとおり、Pythonでは文字列もイテラブルなオブジェクトとして扱われます。

```
>>> chars = 'word'
>>> for count, char in enumerate(chars):
...     print(f'{count}番目の文字は{char}')
...
0番目の文字はw
1番目の文字はo
2番目の文字はr
3番目の文字はd
```

● for文のelse節の挙動

Pythonのfor文ではelse節を利用できます。else節には、for文が終了したときに一度だけ実行したい処理を記述します。else節は後述するbreak文でループを抜ける際には実行されません。

```
for 変数 in イテラブルなオブジェクト:
    繰り返したい処理
else:
    最後に一度だけ実行したい処理
```

for文のelse節を利用する機会はそれほど多くありませんが、覚えておくと便利なときもあります。次の例ではelse節を利用して、リストに奇数が含まれていることをチェックしています。実際に利用するときは、print()関数の代わりに後述するraise文で例外を送出するとよいでしょう。

```
# 奇数がなければメッセージを表示
>>> nums = [2, 4, 6, 8]
>>> for n in nums:
...     if n % 2 == 1:
...         break
... else:
...     print('奇数の値を含めてください')
...
奇数の値を含めてください

# 奇数があれば何も出力されない
>>> nums = [2, 4, 6, 7, 8]
>>> for n in nums:
...     if n % 2 == 1:
...         break
... else:
...     print('奇数の値を含めてください')
...
>>>
```

● **for文での変数のスコープ**

　ある変数が利用できる範囲を変数のスコープと言います。Python の for 文は、変数のスコープをブロック内に限定しません。つまり、各要素を代入する際に使った変数は、通常の変数への代入と同じ扱いになります。したがって、for 文のあとで同名の変数を利用する際には注意が必要です。

```
# mが未定義であることを確認
>>> m
Traceback (most recent call last):
  File "<stdin>", line 1, in <module>
NameError: name 'm' is not defined

# for文の変数にmを利用
>>> for m in range(3):
...     pass
...

# mが定義され、最後に代入された値になっている
>>> m
2

# mが定義済みの場合は上書きされる
>>> for m in range(1):
...     pass
...
>>> m
0
```

while文 —— 条件を指定した処理の繰り返し

　while文は、条件式が真である間はずっと処理を繰り返します。Python の while 文の構文は、次のようになります。

```
while 条件式:
    繰り返したい処理
```

　次の例では、nが3未満である間はprint()関数が実行されます。

```
>>> n = 0
>>> while n < 3:
...     print(f'変数nの値は{n}')
...     n += 1
...
```

```
変数nの値は0
変数nの値は1
変数nの値は2
```

● **while文のelse節の挙動**

for文と同様に、while文でもelse節を利用できます。while文のelse節も、後述するbreak文でループを抜ける際には実行されません。

```
while 条件式:
    繰り返したい処理
else:
    最後に一度だけ実行したい処理
```

次の例では、繰り返し処理が終わる際に終了と表示しています。

```
>>> n = 0
>>> while n < 3:
...     print(f'変数iの値は{n}')
...     n += 1
... else:
...     print('終了')
...
変数iの値は0
変数iの値は1
変数iの値は2
終了
```

break文 —— ループを抜ける

for文やwhile文でbreak文を利用すると、処理の途中でも現在のループを抜けられます。このとき、else節は実行されません。

次のhas_book()関数は、引数として受け取ったコンテナオブジェクトの中に、文字列'book'を含む要素があるかを調べます。

```
>>> def has_book(items):
...     for item in items:
...         if 'book' in item:
...             print('Found')
...             break  # ループを抜ける
...     else:
...         print('Not found')
...
>>> has_book(['note'])
Not found
```

```
>>> has_book(['note', 'notebook'])
Found
```

同じ処理をwhile文で書くと、次のようになります。

```
>>> def has_book(items):
...     # pop()はリストの内容を変更するのでコピーを作る
...     copied = items.copy()
...     # 空になるまでループを続ける
...     while copied:
...         # 最後の要素を取り出す
...         item = copied.pop()
...         if 'book' in item:
...             print('Found')
...             break  # ループを抜ける
...     else:
...         print('Not found')
...
>>> has_book(['note'])
Not found
>>> has_book(['note', 'notebook'])
Found
```

Column

変数を利用しないfor文

イテラブルなオブジェクトの要素を利用せずに、for文で繰り返し処理を行う場合もあります。その場合は、変数名をアンダースコア（_）で統一しておくと、変数を利用しないことが伝わりやすくなります。ただし、変数_に代入していることには変わらないため、ほかの箇所では変数に_を使わないようにしましょう。

```
# 使わない変数の名前は_がわかりやすい
>>> for _ in range(3):
...     print('繰り返し処理')
...
繰り返し処理
繰り返し処理
繰り返し処理

# 変数_が定義されている
>>> _
2
```

continue文 —— 次のループに移る

ループ内でcontinue文を利用すると、その行以降の処理をスキップして、次のループ処理を開始できます。ループの中にループがある場合は、continue文を利用したループの次の処理を開始します。

次のlist_books()関数は、引数として受け取ったコンテナオブジェクトの中の、文字列'book'を含む要素のみを列挙します。

```
>>> def list_books(items):
...     for item in items:
...         if 'book' not in item:
...             # 以降の処理をスキップして次のループに移る
...             continue
...         print(item)
...
>>> list_books(['note', 'notebook', 'sketchbook'])
notebook
sketchbook
```

同様の処理をwhile文で書くと、次のようになります。

```
>>> def list_books(items):
...     copied = items.copy()
...     while copied:
...         # 先頭の要素を取り出す
...         item = copied.pop(0)
...         if 'book' not in item:
...             # 以降の処理をスキップして次のループに移る
...             continue
...         print(item)
...
>>> list_books(['note', 'notebook', 'sketchbook'])
notebook
sketchbook
```

C o l u m n

式の中で代入が行える:=演算子

Python 3.8で追加された機能の1つに、代入演算子:=があります。これはif文やループの条件式中などで変数への値の代入が行える演算子で、「PEP 572 -- Assignment Expressions」[注a]で行われた活発な議論の末に導入されま

注a　https://www.python.org/dev/peps/pep-0572/

した。この :=演算子は、横に倒したセイウチの顔に見えることから Walrus
operator（セイウチ演算子）と呼ばれています。

:=演算子は通常の演算子と同様に、式が使える場所であればいつでも利用
できます。たとえば、if文の条件式で利用した場合には、その if文のブロッ
ク内で代入した値を利用できます[注b]。

```
>>> import random
>>> def lottery(goods):
...     # itemsへの代入が行われる
...     if item := random.choice(goods):
...         return item
...     else:
...         return 'MISS!!'
...
>>> books = ['notebook', 'sketchbook', None, None, None]

# 実行ごとに結果は異なる
>>> lottery(books)
'sketchbook'
```

Python 3.7以前では、次のように if文の前で代入する必要がありました。

```
>>> def lottery(goods):
...     item = random.choice(goods)
...     if item:
...         return item
...     else:
...         return 'MISS!!'
...
>>> lottery(books)
'sketchbook'
```

本書の執筆時点では、:=演算子が Python ユーザーにどれだけ受け入れら
れていくかはまだ未知数です。if文や内包表記[注c]ではこれまでよりも簡潔に
書けるシーンがある一方、代入が見落とされてしまったり、可読性を落とし
てしまう場合もあります。:=演算子を利用すべきか迷ったときは、よりシン
プルで可読性が高いと思う書き方を選んでいきましょう[注d]。

注b　if文の条件式中で代入された変数であっても、その変数のスコープは if文のブロック内
　　に閉じないため、Goや Swiftの変数のスコープに慣れている方は特に注意が必要です。
　　Pythonの変数のスコープについては、7.4節で紹介します。

注c　内包表記については、4.8節で紹介します。

注d　公式ドキュメントの「What's New In Python 3.8」にも「セイウチ演算子の使用は、複雑
　　さを減らしたり可読性を向上させる綺麗なケースに限るよう努めてください。」と書か
　　れています。https://docs.python.org/ja/3/whatsnew/3.8.html#assignment-
　　expressions

3.4
例外処理

　プログラムの実行中には、さまざまな例外(エラー)が発生する可能性があります。たとえば、リストでは要素数より大きな値をインデックスに指定すると、例外IndexErrorが送出されます。また、ファイル操作の競合、ネットワークの切断などの外部環境に起因する例外は、コードに問題がなくても完全に防ぐことはできません。

　Pythonは、これらの例外の発生を検知すると、プログラムの実行を強制的に終了します。例外によりプログラムが強制終了する際は、例外の情報とともにトレースバックと呼ばれる例外発生箇所に関する情報が出力されます。これらの情報は、不具合の調査やデバッグ時には重要な情報源になります。

```
>>> items = [1, 2, 3]
>>> items[10]
Traceback (most recent call last):
  File "<stdin>", line 1, in <module>
IndexError: list index out of range
```

　例外の発生が事前に予期できる場合は、try文を利用すると強制終了を避けられます。

try文 —— 例外の捕捉

　try文は、例外処理や後述するクリーンアップ処理を行う際に利用します。Pythonの例外処理の構文は、次のようになります。

```
try:
    例外が発生する可能性のある処理
except 捕捉したい例外クラス:
    捕捉したい例外が発生したときに実行される処理
else:
    例外が発生しなかったときのみ実行される処理
finally:
    例外の発生有無にかかわらず実行したい処理
```

　次の例では、return items[index] の行で例外IndexErrorが発生することがあります。しかし、try文とexcept節で例外を適切に処理しているため、強制

終了することもなく、トレースバックも表示されません。

```
>>> def get_book(index):
...    items = ['note', 'notebook', 'sketchbook']
...    try:
...       return items[index]
...    except IndexError:
...       return '範囲外です'
...
>>> get_book(10)  # IndexErrorを適切に処理できている
'範囲外です'
```

● **except節** ── 例外が発生したときのみ実行する

except節は、捕捉したい例外が発生したときのみ処理が実行されます。複数の例外に対して同じ処理を行いたい場合は、捕捉したい例外を(IndexError, TypeError)のように括弧でくくったカンマ(,)区切りで列挙します。また、asキーワードを利用すると、発生した例外オブジェクトをexcept節のブロック内で利用できます。

```
>>> def get_book(index):
...    items = ['note', 'notebook', 'sketchbook']
...    try:
...       return items[index]
...    except (IndexError, TypeError) as e:
...       print(f'例外が発生しました: {e}')
...       return '範囲外です'
...

# IndexErrorが発生している
>>> get_book(3)
例外が発生しました: list index out of range
'範囲外です'

# TypeErrorが発生している
>>> get_book('3')
例外が発生しました: list indices must be integers or slices, not str
'範囲外です'
```

例外の種類に応じて処理を分けたい場合は、except節を複数記述します。この場合は、最初にマッチしたexcept節が実行されます。

```
>>> def get_book(index):
...     items = ['note', 'notebook', 'sketchbook']
...     try:
...         return items[index]
...     except IndexError:
...         print('IndexErrorが発生しました')
...         return '範囲外です'
...     except TypeError:
...         print('TypeErrorが発生しました')
...         return '範囲外です'
...
>>> get_book(3)
IndexErrorが発生しました
'範囲外です'
>>> get_book('3')
TypeErrorが発生しました
'範囲外です'
```

　なお、どのexcept節にもマッチしない場合は、その例外が1つ外側のスコープに再送出されます。

```
>>> def get_book(index):
...     items = ['note', 'notebook', 'sketchbook']
...     try:
...         return items[index]
...     except TypeError:  # IndexErrorは捕捉しない
...         print(f'TypeErrorが発生しました')
...         return '範囲外です'
...
>>> def get_book_wrapper(index):
...     try:
...         # IndexErrorはそのまま送出されてくる
...         return get_book(index)
...     except IndexError:
...         print(f'IndexErrorが発生しました')
...         return '範囲外です'
...
>>> get_book_wrapper(3)
IndexErrorが発生しました
'範囲外です'
```

　実装者が予期していない例外まで捕捉されてしまうと、プログラムのほかの箇所でエラーになったり、システムが不正な状態になってしまう恐れがあります。そのため、例外処理を実装するときは、捕捉したい例外のみを明示的に指定しましょう。

● **else節** —— 例外が発生しなかったときのみ実行する

else節は、except節がある場合のみ利用できます。例外処理のelse節は、例外が発生しなかったときのみ実行される処理を記述します。

たとえば、次のコードではtryブロック内に処理を2行記述しています。しかし、return book.upper() の行では例外は発生しません。なぜなら、メソッドupper()はstr型が必ず持っているメソッドであり、変数bookが必ずstr型であることが1つ前の行で保証されているためです。そのため、return book.upper()の行はtryブロック内で保護する必要はありません。

```
>>> def get_book_upper(index):
...     items = ['note', 'notebook', 'sketchbook']
...     try:
...         book = str(items[index])
...         return book.upper()
...     except (IndexError, TypeError) as e:
...         print(f'例外が発生しました: {e}')
...
```

この処理でelse節を使うと、次のように書けます。こちらのコードでは、例外が発生する可能性のある処理がbook = str(items[index]) の行だけであることが明確になっています。

```
>>> def get_book_upper(index):
...     items = ['note', 'notebook', 'sketchbook']
...     try:
...         book = str(items[index])
...     except (IndexError, TypeError) as e:
...         print(f'例外が発生しました: {e}')
...     else:
...         return book.upper()
...
```

このように、例外処理ではtryブロックは可能な限り小さく保つと、実装者の意図とプログラムの乖離（かいり）を最小限に抑えられます。

● **finally節** —— 例外の有無にかかわらず必ず実行する

finally節は、クリーンアップ処理で利用する構文です。クリーンアップ処理とは、ファイルのクローズ処理など例外が発生した場合でも必ず実行したい処理のことを指します。finally節は、例外の発生有無にかかわらず、try文を抜ける際に必ず実行されます。

```
# 作成されるsome.txtは次項に進む前に削除する
>>> from io import UnsupportedOperation

# ファイルを書き込みモードでオープン
>>> f = open('some.txt', 'w')
>>> try:
...     # 書き込みモードなので読み込めない
...     f.read()
... except UnsupportedOperation as e:
...     print(f'例外が発生しました: {e}')
... finally:
...     print('ファイルをクローズします')
...     f.close()
...
例外が発生しました: not readable
ファイルをクローズします
```

finally節は、except節がなくても利用できます。

```
# ファイルを読み取りモードでオープン
>>> f = open('some.txt', 'r')
>>> try:
...     print(f.read())
... finally:
...     print('ファイルをクローズします')
...     f.close()
...

ファイルをクローズします
```

発生した例外を捕捉するexcept節がない場合、発生した例外はfinally節が
実行されたあとに再送出されます。

```
>>> f = open('some.txt', 'r')
>>> try:
...     # 読み取りモードなので書き込めない
...     f.write('egg')
... finally:
...     print('ファイルをクローズします')
...     f.close()
...
ファイルをクローズします
Traceback (most recent call last):
  File "<stdin>", line 2, in <module>
io.UnsupportedOperation: not writable
```

raise文 —— 意図的に例外を発生させる

raise文を使うと、例外を意図的に発生させられます。raise文には、例外クラスのクラスオブジェクトかそのインスタンスを引数として渡します[注8]。クラスオブジェクトを渡した場合は、暗黙的にそのクラスオブジェクトからインスタンスが生成されます。

```
# 意図的に例外を送出
>>> raise ValueError('不正な引数です')
Traceback (most recent call last):
  File "<stdin>", line 1, in <module>
ValueError: 不正な引数です
```

また、except節内では、引数なしでraise文を利用できます。この場合、except節に渡されてきた例外がそのまま再送出されます。これは例外のログだけが必要な場合などに利用できます。

```
>>> def get_book(index):
...     items = ['note', 'notebook', 'sketchbook']
...     try:
...         return items[index]
...     except IndexError as e:
...         print('IndexErrorが発生しました')
...         raise
...
>>> get_book(3)
IndexErrorが発生しました
Traceback (most recent call last):
  File "<stdin>", line 1, in <module>
  File "<stdin>", line 4, in get_book
IndexError: list index out of range
```

独自の例外を定義する

Pythonでは、Exceptionクラスを継承すると新しい例外を定義できます[注9]。複数の例外を送出するモジュールを作成するときは、そのモジュールの例外であることを示す基底クラスを1つ作成し、それぞれの例外内容ごとにそのクラス

注8　Pythonのクラスオブジェクトやインスタンスについては、第6章で説明します。
注9　クラスの継承については、6.4節で解説します。

を継承した例外クラスを作成しましょう。このようにしておくと、モジュール
のユーザーが例外処理を実装しやすくなります。

```
>>> class PracticeBookError(Exception):
...     """モジュール独自の例外の基底クラス"""
...
>>> class PageNotFoundError(PracticeBookError):
...     """ページが見つからないときの例外"""
...     def __init__(self, message):
...         self.message = message
...
>>> class InvalidPageNumberError(PracticeBookError):
...     """不正なページ番号が指定されたときの例外"""
...     def __init__(self, message):
...         self.message = message
...
```

with文 —— 定義済みのクリーンアップ処理を必ず実行する

with文は、事前に定義されているクリーンアップ処理を利用する場合に使う
構文です。定義済みのクリーンアップ処理は、ブロックを抜ける直前に実行さ
れます。Pythonのwith文の構文は、次のようになります。

```
with with文に対応したオブジェクト as 変数:
    任意の処理
```

たとえば、ファイルを開くための組み込み関数open()は、with文に対応して
います。with文を使うと、組み込み関数open()を次のように利用できます。

```
# fにファイルオブジェクトが代入される
>>> with open('some.txt', 'w') as f:
...     f.write('some text')
...
9  # 書き込んだバイト数

# ファイルオブジェクトがクローズされていることを確認
>>> f.closed
True
```

ファイルオブジェクトfは、メソッドf.close()を呼び出していないにもかか
わらず、クローズされています。これは、事前に定義されたファイルのクロー

ズ処理がwith文のブロックを抜ける際に呼び出されているためです。もし、with文を使わない場合は、次のように自分でメソッドf.close()を呼び出さなければいけません。

```
>>> f = open('some.txt', 'w')
>>> f.write('some text')
9

# ファイルオブジェクトはまだクローズされていない
>>> f.closed
False

# ファイルオブジェクトを明示的にクローズ
>>> f.close()
>>> f.closed
True
```

　先ほどの例のように、with文を使うとファイルの閉じ忘れを避けられます。組み込み関数open()を使う際は、with文を積極的に使っていきましょう。

　組み込み関数open()のようにwith文に対応したオブジェクトは、コンテキストマネージャーと呼ばれます。コンテキストマネージャーはユーザーによる定義もできます。また、コンテキストマネージャーの機能はクリーンアップ処理だけでなく、with文のブロックに入る直前の定型処理も定義できてとても便利です。コンテキストマネージャーについては、9.3節で詳しく紹介します。

3.5
本章のまとめ

　本章では、Pythonでコードを書く際に基本となる文法と条件分岐、ループ、例外処理などの制御フローについて説明しました。

　Pythonの基本的な制御フローは、比較的シンプルになっています。そのため、簡単なプログラムであれば、本章で紹介した文法だけでも読めるでしょう。しかし、実際に自分の手でPythonらしいプログラムを書こうとすると、一つ一つの機能に対してより詳細な理解が不可欠です。また、プログラミングは人の書いたコードを読むと新しい発見を得られます。本文だけでなくコードまでしっかりと目を通していくと、より理解が深まるでしょう。

## 第4章

データ構造

　Pythonは、整数を表すint型や文字列を表すstr型などの基本的な型からlist型、dict型など高度なデータ構造を表現する型まで数多くの組み込み型を提供しています。

　本章では、それらの組み込み型の中から、よく使われるものとその基本的な使い方を紹介します。また、Pythonではコンテナオブジェクトやイテラブルなオブジェクトのように、特定の性質を持つ型を総称して〇〇オブジェクトと呼ぶため、そちらも合わせて紹介します。

　なお、Pythonでは組み込み型を含むすべての型は、objectクラスのサブクラスとして実装されています[注1]。そのため、本書で出てくる「型」は「クラス」と読み替えても大丈夫です。

4.1
None —— 値が存在しないことを表現する

　Noneは、値が存在しないことを表現する特別な値です。C言語やJavaのnullに相当します。

　対話モードでは、Noneを評価しても何も表示されません。これには理由があり、たとえばprint()関数はNoneを返す組み込み関数ですが、Noneが表示されないおかげで読みやすくなっています。

```
>>> None  # 何も表示されない
>>> str(None)  # 文字列に変換すると'None'
'None'

>>> print('book')
book
>>> str(print('book'))  # print()の戻り値はNone
book
'None'
```

　Noneは、多くのシーンで利用されます。たとえば、のちほど紹介する辞書が持つメソッドget()は、引数で渡されたキーに対応する値がない場合、デフォルトでNoneを返します。

注1　クラス、サブクラスについては第6章で説明します。

```
>>> d = {'a': 1, 'b': 2}  # 辞書を定義
>>> d.get('c')  # 結果がNoneなので何も表示されない
>>> d.get('a')
1
```

条件式でのNoneの利用

3.2節でも紹介したように、Noneを条件式で使うと偽となります。

```
>>> if None:
...     print('Noneは真')
... else:
...     print('Noneは偽')
...
Noneは偽
```

Noneは、いつどこから参照されてもたった一つの同じオブジェクトを返すシングルトンと呼ばれる性質を持っています。あるオブジェクトがNoneであるかを判定する場合の演算子は、==や!=ではなくisやis notを使います。これは、==での比較が特殊メソッド __eq__()を上書きすることで、結果を自由に変更できるためです[注2]。isを使うとそのような心配がなく、常に正しい判定を行えます。

```
>>> n = None
>>> if n is None:  # Noneとの比較はisを使う
...     print('変数nの値はNoneです')
... else:
...     print('変数nの値はNoneではありません')
...
変数nの値はNoneです
```

注2 __eq__()のようにアンダースコア2つが名前の前後に付くメソッドは、特殊メソッドと呼ばれます。特殊メソッドについては、8.2節で紹介します。

4.2
真理値 —— 真／偽を扱う

Pythonで扱う真理値は、真と偽の2値のみです。Pythonには、これらの値を表現するデータ型としてbool型が用意されています。

bool型 —— 真理値を扱う型

bool型は、真理値を扱う型です。Pythonのbool型の値は、真を表すTrueと偽を表すFalseの2つの組み込み定数のみとなっています。したがって、これらの値を利用するときは、TrueやFalseと書くだけで利用できます。

```
# bool型はTrueとFalseのみ
>>> type(True)
<class 'bool'>
>>> type(False)
<class 'bool'>
```

3.2節でも触れたとおり、Pythonではすべてのオブジェクトが真理値判定でき、その結果は組み込み関数bool()を使うと得られます。

```
>>> bool(None)  # どのようなオブジェクトでも真理値判定が行える
False
>>> bool([])  # 空のコンテナオブジェクトは偽
False
>>> bool(['book'])  # 偽にならないものはすべて真
True
```

ブール演算

Pythonでのブール演算についてみていきましょう。ブール演算とは真理値を扱う演算のことを言い、Pythonのブール演算子は優先度の低い順にor、and、notの3つがあります。

● **x or y** —— xが真ならx、そうでなければyを返す

orは、「どちらか一方でも真かどうか」という場合によく利用されます。

```
# どちらか一方でも真であれば真
>>> True or True
True
>>> True or False
True
>>> False or True
True
>>> False or False
False
```

orは、戻り値がbool型だと誤解されやすい演算子です。しかし、実際のx or yの戻り値はxが真ならxとなり、それ以外の場合はyとなります。また、xが真の場合は即座にxが返されるため、yは評価されません。「戻り値は結果が確定したタイミングで返る」と考えると覚えやすいです。

```
>>> x = ['book']
>>> y = []
>>> x or y  # xが真なのでxが返る
['book']
>>> y or x  # 入れ替えてもyが偽なのでxが返る
['book']
>>> z = 0
>>> y or z  # 両方偽なのでzが返る
0
>>> z or y  # 入れ替えるとyが返る
[]
```

● x and y —— xが真ならy、そうでなければxを返す

andは、「両方が真かどうか」という場合によく利用されます。

```
# 両方が真なら真
>>> True and True
True
>>> True and False
False
>>> False and True
False
>>> False and False
False
```

andもorと同様に、戻り値がbool型だと誤解されやすい演算子です。しかし、実際のx and yの戻り値はxが偽ならxとなり、それ以外の場合はyとなります。andもorと同様に、結果が確定したタイミングで返るため、xが偽の場合はyは評価されません。

```
>>> x = ['book']
>>> y = []
>>> x and y  # xが真なのでyが返る
[]
>>> y and x  # yが偽なのでyが返る
[]
>>> z = 1
>>> x and z  # 両方真なのでzが返る
1
>>> z and x  # 入れ替えるとxが返る
['book']
```

● **not x** ── xが真ならFalse、そうでなければTrueを返す

notは、否定を表す演算子です。値を2つとるorやandとは違い、notは後ろに1つだけ値をとります。notの戻り値は常にTrueかFalseになります。

```
# 真なら偽、偽なら真
>>> not True
False
>>> not False
True

# 戻り値は常にTrueかFalse
>>> not []
True
>>> not ['book']
False
```

notの優先度はorやandよりも高いため、同時に使うとnotが先に評価されます。

```
# (not []) and ['book']と同じ
>>> not [] and ['book']
['book']
```

ここで紹介したブール演算子は、3.2節で紹介した多くの演算子(<、>、<=、>=、==、!=、is、is not、in、not in)とともに、if文やwhile文の条件式でもよく利用されます。

数値

　組み込みの数値型には、整数を扱う int 型、浮動小数点数を扱う float 型、複素数を扱う complex 型の3つがあります。

数値どうしの演算

　組み込みの数値型どうしでは、四則演算などの基本的な二項演算がサポートされています。数値型は不変な型であるため、演算の結果は常に新しいオブジェクトとして返されます。一部の例外を除き、二項演算の結果の型は次のようになります。

- **複素数型を含む演算は、結果も複素数型となる**
- **複素数型を含まず浮動小数点数型を含む演算は、結果も浮動小数点数型となる**
- **複素数型も浮動小数点数型も含まない演算は、結果は整数型となる**[注3]

　次の例では、複数の数値型を組み合わせていくつかの四則演算を行っています。

```
>>> 1 + 2  # 整数どうしの和
3
>>> 1 - 2.0  # 整数と小数の差
-1.0
>>> 1.0 * 2j  # 小数と複素数の積
2j
>>> 1 / 2  # 整数どうしの商は小数になる
0.5
>>> 1 / 0  # 0による除算はエラーとなる
Traceback (most recent call last):
  File "<stdin>", line 1, in <module>
ZeroDivisionError: division by zero
```

　四則演算のほかに利用できる算術演算子に %、//、** もあります[注4]。このうち、% と // は複素数型に対しては定義されていません。

注3　整数型どうしの除算の結果の型は、浮動小数点数型になります。

注4　Python には行列の乗算を行う @ 演算子もあります。しかし、組み込み型にはこの演算子に対応した型がないため、本書では省略しています。

```
>>> 11 % 5  # 余り（剰余）
1
>>> 11 // 5  # 結果を切り捨て
2
>>> 11 ** 5  # 5乗
161051
```

そのほかの数学関数を扱いたい場合は、標準ライブラリのmathモジュールを利用できます。

```
>>> import math
>>> math.log(5)  # 自然対数を求める
1.6094379124341003
```

数値を扱う組み込み型

ここからは、数値型の持つ性質を見ていきます。

これまで見てきたように、組み込みの数値型は単に1や1.0と数値を書くだけで値を作成できます。これを数値リテラルと言います。数値リテラルでは、大きな数値を入力する際にアンダースコア(_)を入れると見やすく書けます。_は生成される数値には影響せず、単に無視されます。

```
>>> a = 1  # 数値リテラルを使う場合
>>> a
1
>>> 1_000_000  # _を使うと見やすく書ける
1000000
```

また、数値型の値は、組み込み関数のint()やfloat()、complex()を使っても値を作成できます。これらは、数値型を変換したいときによく利用されます。

```
>>> a = int(1)
>>> a
1
>>> float(a)  # int型の値からfloat型の値を作成
1.0
>>> complex(a)  # int型の値からcomplex型を作成
(1+0j)
```

● int型 —— 整数を扱う型

int型は、整数を扱う型です。int型どうしの演算の結果は、割り算ではfloat型、それ以外はint型となります。Pythonの整数は精度に制限がないため、メ

モリが許す限りの大きな値を扱えます。

```
>>> type(3)
<class 'int'>
>>> 3 + 4  # 整数どうしの演算は商以外はint型
7
>>> 3 / 2  # int型どうしであっても商はfloat型になる
1.5

# int型への変換は0に近いほうに切り捨て
>>> int(3 / -2)
-1

# int型は桁数に制限がない
>>> x = 99999999999999999999999999999999999999999999999999
>>> x * x
9999999999999999999999999999999999999999999999999800000000000000000000000000 ⏎
00000000000000000000000001
```

●**float型** —— 浮動小数点数を扱う型

float型は、浮動小数点数を扱う型です。float型はint型と同じ演算をサポートしており、float型どうしの演算の結果はfloat型となります。

```
>>> type(3.0)
<class 'float'>
>>> type(1e-5)  # 指数表記にも対応（eはEでも可）
<class 'float'>
>>> 3.0 + 4.0  # float型どうしの演算はfloat型
7.0
>>> 3.0 + 4  # float型とint型の演算はfloat型
7.0
```

Pythonでは、無限大もfloat型として扱います。正の無限大の値はfloat('inf')、負の無限大はfloat('-inf')で定義できます。

```
>>> infinity = float('inf')  # 無限大
>>> type(infinity)  # 無限大はfloat型
<class 'float'>
>>> infinity + 1  # 無限大を含む演算
inf
>>> float('-inf')  # 負の無限大
-inf
```

　数値として扱えない値を意味するNaN(*not-a-number*)もfloat型として扱われます。NaNの値はfloat('nan')で定義できます。数値どうしの演算にNaNが含まれる場合は、その演算結果もNaNになります。

```
>>> nan = float('nan')  # NaN
>>> type(nan)  # NaNはfloat型
<class 'float'>
>>> nan + 1  # NaNを含む演算
nan
```

　Pythonのfloat型で利用できる最大値や最小値の情報は、標準ライブラリにあるsysモジュールの属性sys.float_infoで確認できます。

```
>>> import sys
>>> sys.float_info
sys.float_info(max=1.7976931348623157e+308, max_exp=1024, ...)
```

● **complex型** —— 複素数を扱う型

　complex型は、複素数を扱う型です。数値リテラルに、jまたはJを付けると定義できます。複素数は実部と虚部を持ち、それぞれ浮動小数点数となっています。複素数の実部は.realで、虚部は.imagで取得できます。

```
>>> a = 1.2 + 3j
>>> a
(1.2+3j)
>>> type(a)
<class 'complex'>
>>> a.real  # 実部を取得
1.2
>>> a.imag  # 虚部を取得
3.0
>>> a + 2j  # complex型どうしの演算はcomplex型
(1.2+5j)
>>> a + 2  # complex型とint型の演算はcomplex型
(3.2+3j)
>>> a + 3.4  # complex型とfloat型の演算もcomplex型
(4.6+3j)
```

　標準ライブラリのcmathモジュールを利用すると、複素数を扱う数学関数も利用できます。

条件式での数値の利用

数値型は値がゼロ値であれば偽、それ以外の場合は真となります。

```
>>> bool(0.0)  # ゼロ値は偽
False
>>> bool(1)  # ゼロ以外の値は真
True
>>> bool(-1)  # 負の値も真
True
>>> bool(float('-inf'))  # 無限大も真
True
```

C　o　l　u　m　n

float型を扱う際の注意点

float型を扱う際には、注意点が1つあります。次のコードでは、float型どうしの演算の結果が直感的とは言えない挙動になっています。

```
# 直感的ではない挙動
>>> 0.1 + 0.1 + 0.1 == 0.3
False

# こちらは直感的な挙動
>>> 0.1 + 0.1 == 0.2
True
```

これは、計算機ハードウェアが0.3を正確に表現できないことから生じる現象です。このような比較が必要になるシーンでは、組み込み関数round()で丸めたり、標準ライブラリであるmathモジュールのmath.isclose()関数などで対応できます。

```
# round()は第一引数の値を第二引数の桁数で丸める
>>> round(0.1 + 0.1 + 0.1, 1) == round(0.3, 1)
True

# 第一引数と第二引数が近ければTrueを返す
>>> import math
>>> math.isclose(0.1 + 0.1 + 0.1, 0.3)
True
```

この問題のより詳細な情報は、公式ドキュメントの「浮動小数点演算、その問題と制限」[注a]をご確認ください。

注a　https://docs.python.org/ja/3/tutorial/floatingpoint.html

4.4
文字列

Pythonには、文字列を扱うデータ型としてstr型があります。

str型 —— 文字列を扱う型

str型は、文字列を扱う型です。文字列は非常によく利用されるため、シングルクオート(')かダブルクオート(")で文字列をくくるだけで、簡単にstr型の値を定義できます。これを文字列リテラルと言います。

```
# 文字列の作成
# "book"でも同じ
>>> book = 'book'
>>> type(book)
<class 'str'>
```

文字列内での改行は、\nで入力できます。また、'''や"""のように3つのクオートでくくると、改行も含めた文字列を定義できます。

```
# 改行(\n)を含む文字列の作成
>>> notebook = 'note\nbook'
>>> print(notebook)  # print()を使うと改行して出力される
note
book

# 3つのクオートでくくると通常の改行も含められる
>>> notebook = """
... note
... book
... """
>>> print(notebook)

note
book
```

括弧(())でくくられた複数の連続する文字列は、1つの文字列とみなされます。これは、URLなどの長い文字列を定義する際に便利な機能です。

```
# ()でくくるだけで、,や+は付けない
>>> URL = ('https://gihyo.jp'
...        '/magazine/wdpress/archive'
...        '/2018/vol104')
>>> URL
'https://gihyo.jp/magazine/wdpress/archive/2018/vol104'
```

文字列の演算

　文字列どうしを+演算子でつなげると、2つの文字列を結合した文字列を作成できます。また、*演算子と数値を使うと、同じ文字列を複数回繰り返した文字列を作成できます。文字列は不変な型であるため、これらの演算の結果の文字列は常に新しいオブジェクトとして返されます。

```
>>> book = 'book'
>>> 'note' + book
'notebook'
>>> book * 4
'bookbookbookbook'
>>> book  # もとの文字列はそのまま
'book'
```

for文での文字列の挙動

　for文で文字列を使うと、1文字ずつ要素が渡されます。つまり、文字列はイテラブルなオブジェクトです。なお、文字列から取り出される1文字ずつのオブジェクトもまた、str型の文字列です。

```
>>> for char in 'book':
...     print(char)
...
b
o
o
k
```

条件式での文字列の利用

　文字列は空の文字列であれば偽となり、それ以外の場合はすべて真となります。また、ある文字列中に特定の文字列が含まれているかどうかは、in演算子で判定できます。

```
>>> bool('')  # 空文字は偽
False
>>> bool('book')  # 空文字でなければ真
True
>>> 'oo' in 'book'
True
>>> 'x' not in 'book'  # 含まれていないことを確認
True
```

文字列内での変数の利用

　Pythonの文字列には、変数や式の結果を埋め込めます。埋め込む方法は、主に3つあります[注5]。それらの中には最近追加された方法もありますので、利用できるPythonのバージョンとともに紹介します。

● f-string —— 式を埋め込める文字列リテラル

　f-stringは、Python 3.6で追加された文字列リテラルで、先頭にfを付けて定義する文字列です。フォーマット済み文字列リテラルとも呼ばれます。Python 3.6以降を対象としたプロジェクトであれば、このf-stringを使うとよいでしょう。

　f-stringでは、文字列中に{}でくくった変数や式を記述すると、実行時に{}内が評価され、その結果に置換されます。

```
>>> title = 'book'
>>> f'python practice {title}'  # 変数の値で置換
'python practice book'
>>> f'python practice {"note" + title}'  # 式を利用
'python practice notebook'
>>> def print_title():
...     print(f'python practice {title}')
...
>>> print_title()
python practice book
>>> title = 'sketchbook'
>>> print_title()  # f-stringは実行時に評価される
python practice sketchbook
```

注5　ここでは紹介していませんが、標準ライブラリのstringモジュールのテンプレート文字列を使う方法もあります。

　さらに、Python 3.8では、{}でくくった変数や式に＝を付けると、評価結果と同時にその変数や式を文字列で表示してくれる機能が追加されました。デバッグなどで変数の値を確認したいときには、とても重宝する機能です。

```
>>> note = 'note'

# Python 3.7まで
>>> f'title={title}, note={note}'
'title=sketchbook, note=note'

# Python 3.8以降はシンプルに書ける
>>> f'{title=}, {note=}'
"title='sketchbook', note='note'"

# 属性や式にも利用できる
>>> f'{title.upper()=}'
"title.upper()='SKETCHBOOK'"
```

● **format()** —— 引数に渡した変数で文字列を置換するメソッド

　メソッド str.format() は、Python 2.6から使える str 型のメソッドです。文字列中の {} が、メソッド str.format() の引数に渡した値に置換されます。{} には、{0} や {key} のようにメソッド str.format() に渡す引数の位置やキーワードも指定できます。

```
# 渡した順で置換
>>> 'python {} {}'.format('practice', 'book')
'python practice book'

# 引数の位置を指定して置換
>>> 'python {1} {0}'.format('book', 'practice')
'python practice book'

# キーワードを指定して置換
>>> 'python {p} {b}'.format(b='book', p='practice')
'python practice book'
```

　メソッド str.format() は、後述する辞書と組み合わせると特に便利です。メソッド str.format() の引数に ** とともに辞書を渡すと、その辞書からキーワードをキーにして取得できた値に置換されます[注6]。

注6　この ** を使った引数の渡し方は、アンパックと呼ばれる方法です。アンパックについては、5.1 節で説明します。

```
# 辞書を定義
>>> d = {'x': 'note', 'y': 'notebook', 'z': 'sketchbook'}

# 使わないキーがあってもよい
>>> books = '{x} {z}'
>>> books.format(**d)
'note sketchbook'
```

● **%演算子** —— 一番古い文字列フォーマット

　最後に紹介するのは%演算子です。これは文字列の定義時に、文字列として置換したい箇所に%sを、数値として置換したい箇所に%dを含めておく方法です[注7]。実行時には、置き換えたい値を文字列の後ろに%でつないで記述します。一番古くからある方法ですが、公式ドキュメントに次の注釈があるため、%演算子の利用はできるだけ控えましょう。

　　注釈：ここで解説されているフォーマット操作には、（タプルや辞書を正しく表示するのに失敗するなどの）よくある多くの問題を引き起こす、さまざまな欠陥が出現します。新しいフォーマット済み文字列リテラル[注8]やstr.format()[注9]インタフェースやテンプレート文字列[注10]が、これらの問題を回避する助けになるでしょう。これらの代替手段には、それ自身に、トレードオフや、簡潔さ、柔軟さ、拡張性といった利点があります。

　　　　　　　　　　　　　　——「printf形式の文字列書式化」『Pythonドキュメント』
　　　　　https://docs.python.org/ja/3/library/stdtypes.html#printf-style-string-formatting

```
>>> book = 'book'
>>> 'note%s' % (book)  # %sを置換
'notebook'

# %sは文字列、%dは10進整数に対応
>>> 'python practice %s: %d' % (book, 1.0)
'python practice book: 1'
```

　なお、標準ライブラリのloggingモジュールでは、後方互換性維持のため現在でも%演算子が使われています。この詳細については、公式ドキュメントの

注7　変換したい型やフォーマットによっては%sや%d以外も利用できます。https://docs.python.org/ja/3/library/stdtypes.html#printf-style-string-formatting
注8　https://docs.python.org/ja/3/reference/lexical_analysis.html#f-strings
注9　https://docs.python.org/ja/3/library/stdtypes.html#str.format
注10　https://docs.python.org/ja/3/library/string.html#template-strings

「Logging クックブック」[注11]をご確認ください。

str型とよく似たbytes型

str型と似た型にbytes型があります。str型は人が読み書きしやすい文字列を扱いますが、bytes型はコンピュータにとって扱いやすいバイト列を扱います。これらは相互に変換が可能であり、利用する関数やメソッドによっては変換が必要になります。

● str.encode()とbytes.decode()を利用した相互変換

Python 3系のstr型は、Unicode文字を扱います[注12]。Unicode文字には文字ごとにコードポイントと呼ばれる識別子があり、たとえば文字「A」のコードポイントにはU+0041が割り当てられています。このコードポイントをコンピュータが扱うバイトに変換する処理をエンコードと言い、どのようなバイトになるかはエンコーディングに依存します。逆に、バイトをコードポイントに戻す処理をデコードと言い、正しい結果に戻すためには正しいエンコーディングを指定する必要があります。

```
>>> book = 'Python実践入門'
>>> type(book)
<class 'str'>
>>> book  # 文字列を表示
'Python実践入門'

# UTF-8を指定してエンコード
>>> encoded = book.encode('utf-8')
>>> type(encoded)  # bytesになっていることを確認
<class 'bytes'>
>>> encoded  # バイト列を表示
b'Python\xe5\xae\x9f\xe8\xb7\xb5\xe5\x85\xa5\xe9\x96\x80'

# 正しいエンコーディングを指定してデコード
>>> encoded.decode('utf-8')
'Python実践入門'

# 誤ったエンコーディングを指定するとエラー
```

注11　https://docs.python.org/ja/3/howto/logging-cookbook.html#formatting-styles
注12　PythonとUnicodeのより詳しい情報は、公式ドキュメントにある「Unicode HOWTO」を確認してください。https://docs.python.org/ja/3/howto/unicode.html

```
>>> encoded.decode('shift-jis')
Traceback (most recent call last):
  File "<stdin>", line 1, in <module>
UnicodeDecodeError: 'shift_jis' codec can't decode byte 0x80 in position 17:
illegal multibyte sequence
```

● **Python 2系とPython 3系の文字列の違い**

文字列およびバイト列に関しては、Python 3系はPython 2系と比べ格段に使いやすくなりました。これは、Python 3系がUnicodeを全面採用したためです[注13]。

しかし、Unicodeの採用は互換性のない変更であったため、Python 3系への移行の大きな壁になりました。ここでは詳細には触れませんが、Python 2系のコードを触る機会がある場合は、次の型についてぜひご自身で整理してください。

- **Python 2系の**str型、bytes型、unicode型
- **Python 3系の**str型、bytes型

4.5
配列 —— 要素を1列に並べて扱う

配列とは、要素を1列に並べて扱うデータ構造のことを指します。Pythonには、配列を扱うデータ型としてリストと呼ばれる可変な配列を扱うlist型と、タプルと呼ばれる不変な配列を扱うtuple型が用意されています。リストやタプルに格納する各要素のデータ型は、ばらばらでも問題ありません。

list型 —— 可変な配列を扱う型

list型は、リストと呼ばれる可変な配列を扱う型です。利用シーンが多い型の1つで、本書でもすでに何度も登場しています。

リストは[]を使い、[値1, 値2, ...]のように作成します。また、組み込み関数list()を使うと、後述するイテラブルなオブジェクトから新しいリストを作成できます。

注13 Python 3がUnicodeを採用した理由については、Brett Cannon氏の「Why Python 3 exists」https://snarky.ca/why-python-3-exists/ で詳しく説明されています。日本語翻訳版は、https://postd.cc/why-python-3-exists/ にあります。

```
# リストを作成
>>> items = ['note', 'notebook', 'sketchbook']
>>> type(items)
<class 'list'>
>>> items
['note', 'notebook', 'sketchbook']

# 文字列はイテラブルなオブジェクト
>>> list('book')
['b', 'o', 'o', 'k']
```

● 要素の追加と削除

　リストは、要素を追加したり、削除したりできます。リストに要素を追加す
る方法には、メソッド list.append() や+演算子を使ったリストの結合などがあ
ります。リストから要素を削除する方法には、メソッド list.pop() やオブジェ
クトを削除する del 文などがあります。

```
>>> items = ['note', 'notebook', 'sketchbook']
>>> items.append('paperbook')  # 要素を追加
>>> items
['note', 'notebook', 'sketchbook', 'paperbook']
>>> items = ['book'] + items  # リストの結合
>>> items
['book', 'note', 'notebook', 'sketchbook', 'paperbook']
>>> items.pop(0)  # 先頭の要素を取り出してリストから削除
'book'
>>> items
['note', 'notebook', 'sketchbook', 'paperbook']
>>> del items[1]  # 要素を削除
>>> items
['note', 'sketchbook', 'paperbook']
```

● インデックスによる要素へのアクセス

　リストは、変数名[インデックス]でリスト内の要素にアクセスできます。イ
ンデックスは整数で、正の値であれば先頭を0番目として右向きに数えます。イ
ンデックスに負の値を使うと、後ろから左向きに数えたときの要素が取得でき
ます。インデックスによる要素へのアクセスでは、リスト内の要素数を超える
と例外 IndexError が発生します。

```
>>> items = ['note', 'notebook', 'sketchbook']
>>> items[1]  # インデックスは先頭を0として右向きに数える
'notebook'
>>> items[-2]  # 負の値の場合、末尾を-1として左向きに数える
'notebook'
>>> items[1] = 'book'  # 要素の変更
>>> items
['note', 'book', 'sketchbook']
>>> items[10] # 要素範囲外のインデックスはエラー
Traceback (most recent call last):
  File "<stdin>", line 1, in <module>
IndexError: list index out of range
```

●スライスによるリストの切り出し

リストに対してスライスと呼ばれる操作を行うと、リストの一部を切り出して新しいリストを作れます。スライスは、変数名[先頭のインデックス：末尾のインデックス]を用いて行います。返されるリストには、末尾のインデックスの1つ前の要素までが含まれます。

```
>>> items = ['note', 'notebook', 'sketchbook']
>>> items[0:2]  # 先頭からitems[2]の1つ前までが含まれる
['note', 'notebook']
>>> items  # もとのリストはそのまま
['note', 'notebook', 'sketchbook']
>>> items[:2]  # :の前を省略すると先頭から
['note', 'notebook']
>>> items[1:]  # :の後を省略すると最後まで
['notebook', 'sketchbook']
```

インデックスの負の値は、スライスでも利用できます。スライスで切り出される要素は、**図4.1**のように文字と文字の間の数を数えるとイメージしやすいです。

図4.1 要素とインデックスの値の関係

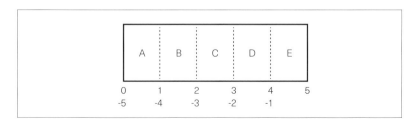

```
>>> items = ['note', 'notebook', 'sketchbook']
>>> items[0:-1]
['note', 'notebook']
```

　また、スライスで選択した部分にリストを代入すると、もとのリストの選択
した部分を一括で置き換えられます。

```
# 要素数は一致していなくてもよい
>>> items = ['note', 'notebook', 'sketchbook']
>>> items[0:2] = [1, 2, 3]
>>> items
[1, 2, 3, 'sketchbook']
```

tuple型 —— 不変な配列を扱う型

　tuple型は、タプルと呼ばれる不変な配列を扱う型です。タプルはリストと
似ていますが、定義後に要素を変更できない点がリストと違います。
　タプルはカンマ(,)を使い、値1, 値2, ...のように作成します。実際に利用
するときは、可読性を上げるために括弧を付け、(値1, 値2, ...)とすること
も多いです。また、組み込み関数tuple()を使うと、イテラブルなオブジェク
トからタプルを作成できます。

```
# タプルを作成
>>> items = ('note', 'notebook', 'sketchbook')
>>> type(items)
<class 'tuple'>
>>> items
('note', 'notebook', 'sketchbook')

# ()はなくてもよい
>>> items = 'note', 'notebook', 'sketchbook'
>>> items
('note', 'notebook', 'sketchbook')

# リストからタプルを作成
>>> items = ['note', 'notebook']
>>> tuple(items)
('note', 'notebook')
```

●**タプル作成時の注意点**

空のタプルは、組み込み関数tuple()か空の括弧(())を使うと作成できます。
(,)ではないので注意してください。

```
>>> tuple()  # 空のタプル
()
>>> ()  # これも空のタプル
()
>>> (,)  # これは間違い
  File "<stdin>", line 1
    (,)
     ^
SyntaxError: invalid syntax
```

また、要素が1つのタプルは1,や(1,)のように作成します。式や戻り値などの末尾に不要なカンマ(,)を付けてしまうと、その値はタプルとして解釈されます。これが原因で実行時エラーや予期せぬ結果になることがあるため、注意してください。

```
>>> items = 'note',  # 要素が1つのタプルを作成
>>> items
('note',)

# 戻り値がタプルになっている
>>> def add(a, b):
...     # タイプミスによりカンマ (,) が付いた
...     return a + b,
...
>>> 1 + add(2, 3)
Traceback (most recent call last):
  File "<stdin>", line 1, in <module>
TypeError: unsupported operand type(s) for +: 'int' and 'tuple'
```

●**インデックスによる要素へのアクセス**

タプルもリストと同様に、インデックスでアクセスできます。ただし、タプルは定義後に要素を変更できないため、値の代入はエラーとなります。また、リストと同様に要素範囲外の値をインデックスに使おうとすると例外IndexErrorが発生します。

```
>>> items = ('note', 'notebook', 'sketchbook')
>>> items[1]
'notebook'
```

```
>>> items[1] = 'book'   # 要素の変更はできない
Traceback (most recent call last):
  File "<stdin>", line 1, in <module>
TypeError: 'tuple' object does not support item assignment

# 要素範囲外のインデックスはエラー
>>> items[10]
Traceback (most recent call last):
  File "<stdin>", line 1, in <module>
IndexError: tuple index out of range
```

● スライスによるタプルの切り出し

タプルもリストと同様に、スライスによる分割ができ、結果は新しいタプルで返されます。リストと違い、選択した部分の置き換えはできません。

```
>>> items = ('note', 'notebook', 'sketchbook')
>>> items[0:2]   # 先頭からitems[2]の1つ前までが含まれる
('note', 'notebook')
>>> items[:2]   # :の前を省略すると先頭から
('note', 'notebook')
>>> items[1:]   # :の後を省略すると最後まで
('notebook', 'sketchbook')

# 選択した部分の置き換えはできない
>>> items[0:2] = (1, 2)
Traceback (most recent call last):
  File "<stdin>", line 1, in <module>
TypeError: 'tuple' object does not support item assignment
```

for文での配列の挙動

リストをfor文で使うと、要素を1つずつ取り出せます。

```
>>> for item in ['note', 'notebook', 'sketchbook']:
...     print(item)
...
note
notebook
sketchbook
```

タプルもリストと同様の動きになります。

```
>>> for item in ('note', 'notebook', 'sketchbook'):
...     print(item)
...
note
notebook
sketchbook
```

条件式で使える配列の性質

リストやタプルは、要素が1つもない空の状態であれば偽となり、要素が1つ以上ある場合は真となります。また、あるオブジェクトがその中に含まれているかどうかをin演算子で判定できます。

```
>>> bool([])  # 空のリストは偽
False
>>> bool(['book'])  # 要素があれば真
True
>>> 'note' in ['note', 'notebook', 'sketchbook']
True
>>> 'book' not in ['note', 'notebook', 'sketchbook']
True
```

タプルもリストと同様の動きになります。

```
>>> empty = tuple()
>>> bool(empty)  # 空のタプルは偽
False
>>> bool(('book',))  # 要素があれば真
True
>>> 'note' in ('note', 'notebook', 'sketchbook')
True
>>> 'book' not in ('note', 'notebook', 'sketchbook')
True
```

タプルとリストの使い分け

タプルを好んで利用するシーンとして、アプリケーション内での設定値があります。タプルを使うとほかにも、CSVのレコードデータを保持したり、トランプカードを('Spade', 1)で表現したりできます。これらはどれも、インスタンス作成時の組み合わせをずっと維持しておきたいものです。そのため、可変なリストではなく、不変なタプルが適しています。

4.6
辞書 —— キーと値のセットを扱う

　辞書とは、キーと値をセットで扱うデータ型で、ほかの言語ではハッシュや
マップ、連想配列と呼ばれます。辞書では、キーをインデックスとして利用す
ることで、格納された値を高速に取り出せます。Pythonでは、辞書を扱うデー
タ型としてdict型があります。

dict型 —— 辞書を扱う型

　dict型は、辞書を扱う型です。
　辞書は{}を使い、{キー1: 値1, キー2: 値2, ...}のように作成します。ま
た、組み込み関数dict()でも作成できます。

```
# 辞書を作成
>>> items = {'note': 1, 'notebook': 2, 'sketchbook': 3}
>>> type(items)
<class 'dict'>
>>> items
{'note': 1, 'notebook': 2, 'sketchbook': 3}

# キーワード引数を使った辞書の作成
>>> dict(note=1, notebook=2, sketchbook=3)
{'note': 1, 'notebook': 2, 'sketchbook': 3}
```

要素の追加と削除

　辞書は要素を追加したり、削除したりできます。新しいキーを指定して代入
すると、要素を追加できます。リストから要素を削除する方法には、メソッド
dict.pop()やオブジェクトを削除するdel文があります。

```
>>> items = {'note': 1, 'notebook': 2, 'sketchbook': 3}
>>> items['book'] = 4  # 要素を追加
>>> items
{'note': 1, 'notebook': 2, 'sketchbook': 3, 'book': 4}
>>> items.pop('notebook')  # 要素を取り出して辞書から削除
2
>>> items
```

```
{'note': 1, 'sketchbook': 3, 'book': 4}
>>> del items['sketchbook']  # 要素を削除
>>> items
{'note': 1, 'book': 4}
```

キーによる要素へのアクセス

　辞書は、変数名 [キー] でキーに対応する値を参照できます。キーが辞書の中に存在しない場合は、例外KeyErrorが発生します。例外KeyErrorを発生させたくない場合は、メソッドdict.get()が使えます。

```
>>> items = {'note': 1, 'notebook': 2, 'sketchbook': 3}
>>> items['note']  # キーを指定して値を取り出す
1
>>> items['book']  # 存在しないキーを指定
Traceback (most recent call last):
  File "<stdin>", line 1, in <module>
KeyError: 'book'

# get()を使うとキーがなくてもエラーにならない
# キーがない場合のデフォルト値はNone
>>> items.get('book')
>>> items.get('book', 0)  # デフォルト値は変更できる
0
```

キーに使えるオブジェクトの条件

　辞書のキーには、文字列、数値、タプルなどの不変なオブジェクトのみ利用できます[注14]。逆に、リストや辞書などの可変なオブジェクトは辞書のキーには利用できません。

```
# タプルは不変なオブジェクトのためキーにできる
>>> book = ('book',)
>>> {book: 0}
{('book',): 0}

# リストは可変なオブジェクトのためキーにできない
>>> book = ['book']
```

注14　より厳密には、これらの不変なオブジェクトが持つハッシュ可能と呼ばれる性質が、辞書のキーに使える条件です。組み込みの不変なオブジェクトはすべてハッシュ可能で、可変なオブジェクトはハッシュ可能ではありません。https://docs.python.org/ja/3/glossary.html#term-hashable

```
>>> {book: 0}
Traceback (most recent call last):
  File "<stdin>", line 1, in <module>
TypeError: unhashable type: 'list'
```

for文での辞書の挙動

for文で辞書をそのまま利用すると、キーを1つずつ取り出せます。

```
>>> items = {'note': 1, 'notebook': 2, 'sketchbook': 3}
>>> for key in items:  # キーだけを取得
...     print(key)
...
note
notebook
sketchbook
```

キーは不要で値の一覧だけが欲しい場合は、メソッドdict.values()を利用します。また、キーと値のセットで一覧が欲しい場合は、メソッドdict.items()が利用できます。

```
>>> items = {'note': 1, 'notebook': 2, 'sketchbook': 3}
>>> for value in items.values():  # 値だけを取得
...     print(value)
...
1
2
3

# キーと値のタプルを取得
>>> for key, value in items.items():
...     print(key, value)
...
note 1
notebook 2
sketchbook 3
```

辞書から生成される各一覧の順番は、Python 3.6以降であれば常に同順となります[注15]。

注15　Python 3.6から辞書の挿入順が維持されるようになりました。しかし、Python 3.6の時点では、言語仕様上は辞書の順序は実装依存とされていました。言語仕様として辞書の順序が保持されることになったのはPython 3.7からです。より詳しい当時の状況は、現在のdictの実装者であるmethane氏の「Python 3.6の（個人的に）注目の変更点」を確認してください。https://methane.hatenablog.jp/entry/2016-09-12/Python3.6b1

条件式で使える辞書の性質

辞書は、空の場合は偽となり、要素が1つ以上ある場合は真となります。また、辞書に対してin演算子を使うと、ある要素がキーにあるかどうかを判定します。

```
>>> bool({})  # 空の辞書は偽
False
>>> bool({'book': 0})  # 要素があれば真
True
>>> items = {'note': 1, 'notebook': 2, 'sketchbook': 3}
>>> 'note' in items
True
>>> 'book' not in items
True
>>> 1 in items   # in演算子はキーで判定
False
>>> 1 in items.values()  # 値に対してin演算子を利用
True
```

4.7
集合 —— 一意な要素の集合を扱う

集合は、リストやタプルと同様にイテラブルなオブジェクトの1つです。リストやタプルとの違いは、集合は要素の重複を許さず、要素の順番を保持しない点です。重複を許さないために、要素はハッシュ可能でなければいけません。組み込み型の集合型には、set型とfrozenset型の2種類あります。

set型 —— 可変な集合を扱う型

set型は、可変なオブジェクトで、一意な要素の集合を扱う型です。要素の重複は許されないため、重複する要素は1つになります。

set型は{}を使い、{要素1, 要素2, ...}のように作成します。また、組み込み関数set()を使うと、イテラブルなオブジェクトからset型を作成できます。

```
# set型の集合を作成
>>> items = {'note', 'notebook', 'sketchbook'}
>>> type(items)
<class 'set'>
>>> items
{'note', 'notebook', 'sketchbook'}

# 重複している要素は1つになる
>>> set(['note', 'notebook', 'sketchbook', 'sketchbook'])
{'note', 'notebook', 'sketchbook'}
```

　空の set 型は、組み込み関数 set() を使って作成します。{}とすると空の辞書が作成されるため、注意してください。

```
>>> set()  # 空のset型を作成
set()
```

　集合は要素の順番を保持しないため、インデックスによるアクセスはできません。

```
# 順序がないためインデックスでの参照は不可
>>> items = {'note', 'notebook', 'sketchbook'}
>>> items[0]
Traceback (most recent call last):
  File "<stdin>", line 1, in <module>
TypeError: 'set' object does not support indexing
```

●要素の追加と削除

　set 型は要素を追加したり、削除したりできます。set 型に要素を追加する方法には、メソッド set.add() や後述する和集合などがあります。set 型から要素を削除する方法には、メソッド set.pop() やメソッド set.remove() や後述する差集合などがあります。なお、集合は要素の順番を保持しないため、メソッド set.pop() を使ったときに取り出される要素は不定です。

```
>>> items = {'note', 'notebook', 'sketchbook'}
>>> items.add('book')  # 要素を追加
>>> items
{'note', 'notebook', 'sketchbook', 'book'}

# 要素を指定して削除
>>> items.remove('book')
>>> items
```

```
{'sketchbook', 'notebook', 'note'}

# 要素を取り出して集合から削除
# 順序がないため取り出される要素は不定
>>> items.pop()
'sketchbook'
>>> items
{'notebook', 'note'}
```

frozenset型 —— 不変な集合を扱う型

frozenset型は、set型を不変にした型です。

リテラルは用意されていないため、組み込み関数frozenset()を使いイテラブルなオブジェクトから作成します。

```
# frozenset型の集合を作成
>>> items = frozenset(['note', 'notebook', 'sketchbook'])
>>> type(items)
<class 'frozenset'>

# set型と同様、要素の重複を許さず、順序も保持しない
>>> items
frozenset({'sketchbook', 'notebook', 'note'})

# 不変な型なので変更はできない
>>> items.add('book')
Traceback (most recent call last):
  File "<stdin>", line 1, in <module>
AttributeError: 'frozenset' object has no attribute 'add'
```

集合の演算 —— 和、積、差、対称差

集合は、和集合や差集合、積集合、対称差などの数学的演算を行えます（**図4.2**）。演算した結果が集合となる場合は、常に新しいオブジェクトとして返されます。

```
>>> set_a = {'note', 'notebook', 'sketchbook'}
>>> set_b = {'book', 'rulebook', 'sketchbook'}
>>> set_a | set_b  # 和集合
{'notebook', 'book', 'sketchbook', 'note', 'rulebook'}

# 和集合はset.union()でも同様に求められる
```

```
>>> set_a.union(set_b)
{'notebook', 'book', 'sketchbook', 'note', 'rulebook'}

# 差集合。set.difference()でも同様
>>> set_a - set_b
{'notebook', 'note'}

# 積集合。set.intersection()でも同様
>>> set_a & set_b
{'sketchbook'}

# 対称差。set.symmetric_difference()でも同様
>>> set_a ^ set_b
{'notebook', 'book', 'note', 'rulebook'}

# 部分集合か判定。set.issubset()でも同様
>>> {'note', 'notebook'} <= set_a
True
```

図4.2 集合の数学的演算

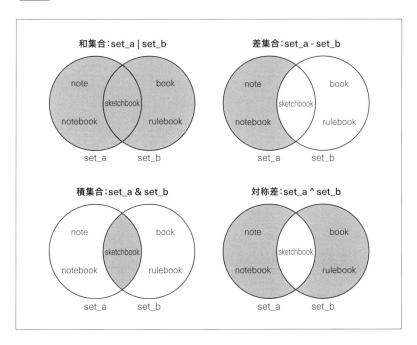

for文での集合の挙動

集合をfor文で使うと、要素を1つずつ取り出せます。for文での挙動は、set型もfrozenset型もどちらも同じになります。なお、集合は要素の順番を保持しないため、変数に渡される要素の順番は不定である点には注意してください。

```
>>> items = {'note', 'notebook', 'sketchbook'}
>>> items
{'notebook', 'sketchbook', 'note'}
>>> for item in items:
...     print(item)
...
notebook
sketchbook
note

# frozenset型でも同様
>>> frozen_items = frozenset(items)
>>> items
frozenset({'notebook', 'sketchbook', 'note'})
>>> for item in frozen_items:
...     print(item)
...
notebook
sketchbook
note
```

条件式で使える集合の性質

set型とfrozenset型はどちらも空の場合は偽となり、要素が1つ以上ある場合は真となります。また、あるオブジェクトが集合の中に含まれているかどうかをin演算子で判定できます。挙動はset型とfrozenset型のどちらも同じになります。

```
>>> bool(set())  # 空の場合は偽
False

# 要素があれば真
>>> items = {'note', 'notebook', 'sketchbook'}
>>> bool(items)
True
>>> 'note' in items
```

```
True
>>> 'book' not in items
True

# frozenset型も同様
>>> bool(frozenset())
False
>>> frozen_items = frozenset(items)
>>> frozen_items
frozenset({'sketchbook', 'note', 'notebook'})

# 要素があれば真
>>> bool(frozen_items)
True
>>> 'note' in frozen_items
True
>>> 'book' not in frozen_items
True
```

4.8
内包表記 —— 効率的なシーケンスの生成

　内包表記は、リストや集合、辞書などを生成できる特別な構文です。内包表記を使うと、簡潔な記法で効率的なオブジェクトの生成ができるため、Pythonのコードでは広く利用されています。

リスト内包表記 —— 効率的なリストの生成

　リスト内包表記は、その名のとおりリストを生成するための構文です。ここでは、0から9までの数値を文字列として並べた簡単なリストを題材に解説していきます。

　まずは、内包表記を使わずにリストを生成する場合です。コードは次のようになります。

```
>>> numbers = []
>>> for i in range(10):
...     numbers.append(str(i))
...
>>> numbers
['0', '1', '2', '3', '4', '5', '6', '7', '8', '9']
```

同じものをリスト内包表記を使って書くと、次のようになります。

```
>>> [str(v) for v in range(10)]
['0', '1', '2', '3', '4', '5', '6', '7', '8', '9']
```

3行あったリストの生成に必要なコードが1行になり、非常にシンプルになりました。リスト内包表記の構文は、次のようになっています。

[リストの要素 for 変数 in イテラブルなオブジェクト]

リスト内包表記では、まず [] を用意し、リストの要素となる式を書きます。この式では、イテラブルなオブジェクトから取得した変数も使えます。for 以降は第3章で解説した for 文のコロン : の前までとまったく同じです。

変数のスコープを閉じられる点も、リスト内包表記のメリットです。変数のスコープとは、その変数が使える範囲のことを言い、詳しくは7.4節で解説します。リスト内包表記を用いると、イテラブルなオブジェクトの要素が代入される変数のスコープが内包表記内に閉じるため、その変数は内包表記の外側には影響しません。

```
# 先ほどのfor文で使った変数iが定義されている
>>> i
9

# 内包表記で使った変数vは外側には定義されていない
>>> v
Traceback (most recent call last):
  File "<stdin>", line 1, in <module>
NameError: name 'v' is not defined
```

●ネストしたリストの内包表記

ネストとは、入れ子を意味する用語です。リスト内包表記は、2段や3段にネストもできます。

まず、通常の for 文をネストさせてリストを作ると、次のようなコードになります。

```
>>> tuples = []
>>> for x in [1, 2, 3]:
...     for y in [4, 5, 6]:
...         tuples.append((x, y))
...
>>> tuples
[(1, 4), (1, 5), (1, 6), (2, 4), (2, 5), (2, 6), (3, 4), (3, 5), (3, 6)]
```

このtuplesと同じリストを生成するリスト内包表記は、次のようになります。
1段のときと同じく最初にリストの要素となる式を書き、for以降はもととなっ
たコードと同じ順番で記述します。

```
>>> [(x, y) for x in [1, 2, 3] for y in [4, 5, 6]]
[(1, 4), (1, 5), (1, 6), (2, 4), (2, 5), (2, 6), (3, 4), (3, 5), (3, 6)]
```

リスト内包表記は、ネストが浅い場合はシンプルにかけます。しかし、ネス
トが深くなるととたんに可読性が落ちます。リスト内包表記と普通のfor文、ど
ちらで書くべきかはそのときの状況によりますが、よりシンプルで可読性が高
いほうを選びましょう。

● if文のある内包表記

リスト内包表記では、if文を使ってイテラブルなオブジェクトの要素をフィ
ルタリングできます。

例として、0から9までの中から偶数だけを集めたリストを作成します。ま
ず、通常のfor文でif文を使ったリストを作る場合は、次のようなコードにな
ります。

```
>>> even = []
>>> for i in range(10):
...     if i % 2 == 0:
...         even.append(i)
...
>>> even
[0, 2, 4, 6, 8]
```

同じリストを内包表記で生成すると、次のようになります。内包表記の最後
にifと条件式を書くことで、要素をフィルタリングできます[注16]。3行だったも

注16 if文を含む内包表記は、慣れるまでは難しく感じるかもしれません。しかし、for文の場合と見比
べるとわかりますが、頭の中で考える順番は通常のfor文と同じです。

のが1行になり、かなりシンプルになりました。

```
>>> [x for x in range(10) if x % 2 == 0]
[0, 2, 4, 6, 8]
```

そのほかの内包表記

内包表記を使って書けるオブジェクトは、リストだけではありません。リスト内包表記の [] を {} に変えると、set型の値を生成する集合内包表記になります。

```
>>> set_comprehension = {i for i in range(10)}
>>> type(set_comprehension)
<class 'set'>
>>> set_comprehension
{0, 1, 2, 3, 4, 5, 6, 7, 8, 9}
```

リスト内包表記の [] を {} に変え、要素の部分をキー: 値とすると、dict型の値を生成する辞書内包表記になります。

```
>>> dict_comprehension = {str(x): x for x in range(3)}
>>> type(dict_comprehension)
<class 'dict'>
>>> dict_comprehension
{'0': 0, '1': 1, '2': 2}
```

また、リスト内包表記の [] を () に変えると、ジェネレータと呼ばれるイテラブルなオブジェクトを生成するジェネレータ式になります[注17]。ジェネレータに関しては、9.1節で詳しく扱います。

```
>>> gen = (i for i in range(3))
>>> type(gen)
<class 'generator'>
>>> gen
<generator object <genexpr> at 0x1066e6c78>
```

注17 タブル型の値を生成する内包表記はありません。

4.9
そのほかの型を表す概念

　Pythonのドキュメントでは、組み込みのデータ型以外にも特定の性質を持つ型を総称して、○○オブジェクトや○○なオブジェクトと表記していることが多々あります。本書でも、これまでコンテナオブジェクトやイテラブルなオブジェクトという表現を使ってきました。これらは、公式ドキュメントでも利用されている用語です。ここでは、代表的なオブジェクトを紹介します。

　なお、ここでは新しい用語や概念がたくさん出てきます。それらのほとんどは次章以降で説明しているため、難しく感じても気にせずに本書を読み進めてください。

可変オブジェクト —— 定義後に値を変更できるオブジェクト

　可変オブジェクトは、ミュータブルなオブジェクトとも呼ばれ、定義後であってもその値を変更できます。組み込み型の代表的な可変型としては、list型、dict型、set型などがあります。

不変オブジェクト —— 定義後に値を変更できないオブジェクト

　可変オブジェクトの逆で、定義後にその値を変更できません。イミュータブルなオブジェクトとも呼ばれます。組み込み型の代表的な不変型としては、int型やfloat型などの数値、str型、tuple型、frozenset型などがあります。

コンテナオブジェクト —— ほかのオブジェクトへの参照を持つオブジェクト

　リストや辞書、集合などのほかのオブジェクトへの参照を持つオブジェクトをコンテナオブジェクトと言います[注18]。多くのコンテナオブジェクトは、次に説明するイテラブルなオブジェクトになっており、for文で利用できます。また、組み込み関数len()での長さを取得できたり、in演算子とnot in演算子を使えます。

注18　コンテナオブジェクトについては、8.2節でも解説します。

　コンテナオブジェクトの中でも、特にインデックスによる要素へのアクセスができるオブジェクトをシーケンスオブジェクトと言います。組み込み型のシーケンスオブジェクトとしては、str型やlist型、tuple型などがあります。また、インデックスではなく辞書のようにキーによるアクセスができるオブジェクトをマッピングオブジェクトと言います。組み込み型のマッピングオブジェクトはdict型だけです。

イテラブルなオブジェクト —— for文で使えるオブジェクト

　イテラブルなオブジェクトとは、イテレータと呼ばれるオブジェクトを返す特殊メソッド __iter__() を実装したオブジェクトのことです[注19]。for文は、この特殊メソッド __iter__() を呼び出してイテレータを取得し、そのイテレータの特殊メソッド __next__() を呼び出すことで要素を1つずつ取得しています。コンテナオブジェクトや内包表記の節で出てきたジェネレータもまた、イテラブルなオブジェクトになります。

呼び出し可能オブジェクト —— ()を付けて呼び出せるオブジェクト

　呼び出し可能オブジェクトとは、関数やクラスオブジェクトのように () を付けて実行できるオブジェクトを指します。特殊メソッド __call__() を実装したクラスのインスタンスオブジェクトもまた、呼び出し可能オブジェクトとなります[注20]。この性質を利用すると、関数であってもクラスであってもインスタンスであっても同じように扱えます。このように、厳密な型よりもインタフェースを利用するスタイルはダックタイピング[注21]と呼ばれ、Pythonではよく利用されます。

注19　イテラブルなオブジェクトとイテレータについては、8.2節でも解説します。

注20　特殊メソッド __call__()については、8.2節でも解説します。

注21　https://docs.python.org/ja/3/glossary.html#term-duck-typing

4.10 本章のまとめ

　本章では、Pythonの組み込み型の中からよく使われるものと、その基本的な使い方を紹介しました。

　読者のみなさんの中には、数が多くてたいへんという印象を持った方もいたかもしれません。しかし、本章で紹介した型の多くは日常的に利用するため、本書を読み進める中でも十分に慣れるでしょう。また、ここでは紹介しきれなかった組み込み型、標準ライブラリとして提供されている便利な型もたくさんあります。あらかじめ用意されているものを活用し、効率よくバグの少ないコードを書いていきましょう。

## 第5章

関数

関数とは、関連のある一連の処理をまとめて再利用可能にしたものです。簡単な処理であれば、前章で紹介したさまざまなデータ型と関数を組み合わせるだけでも実用的なプログラムを作成できます。

本章では、シンプルな関数を定義するところから始めて、徐々に複雑な関数を定義していきます。また、1行で関数を作れる lambda 式と、関数の保守性を向上してくれる型ヒントについても説明します。

5.1
関数 —— 関連する処理をまとめる

関数として関連のある一連の処理をまとめておくと、その処理を何度でも実行でき、コードが読みやすくなります。関数は、引数としてデータを受け取って処理し、その結果を戻り値として呼び出し元に返せます。

Pythonでは、すべてのデータをオブジェクトと呼びます。オブジェクトには、数値や文字列などの値だけでなく、前章で紹介したさまざまなデータ型、次章で紹介するクラスやインスタンスも含まれます。そして、Pythonでは関数もオブジェクトであり、引数として受け取るデータもオブジェクトです。そのため、関数オブジェクトをほかの関数の引数に渡したり、変数に代入したりできます。

関数の定義と実行

Pythonの関数定義の構文は、次のとおりです。

```
def 関数名(引数1, 引数2,...):
    関数で実行したい処理
    return 戻り値
```

引数とは、関数内の処理で使える値で、引数がない場合は空の () を書きます。関数は処理の結果を戻り値として呼び出し元に返せます。もし何も返す必要がない場合は、return文は省略できます。

シンプルな関数を定義し、その関数を実行してみましょう。次の print_page() 関数は、no content と表示するだけの関数です。通常、関数名には小文字とアンダースコア(_)を使います[注1]。関数を定義できたら、関数名(print_page)に()

注1　単語を_でつなげる記法は一般にスネークケースと呼ばれます。

を付けて呼び出すと、処理が実行されます。

```
>>> def print_page():  # 関数を定義
...    print('no content')
...

>>> print_page()  # 関数を実行
no content
```

引数を取る関数

次に、引数を1つ取る関数を定義し、実行してみましょう。次のprint_page()関数は、引数を1つ受け取り、その引数の値をそのまま表示します。関数の呼び出し時に()に値を入れると、その値が引数として関数に渡されます。なお、先ほどの関数は上書きされるため、引数なしで呼び出すとエラーとなります。

```
>>> def print_page(content):
...    print(content)
...
>>> print_page('my contents')  # 引数を渡して関数を実行
my contents

# 引数のない呼び出しはエラー
>>> print_page()
Traceback (most recent call last):
  File "<stdin>", line 1, in <module>
TypeError: print_page() missing 1 required positional argument: 'content'
```

関数の引数には、デフォルト値を持たせられます。引数のデフォルト値は、引数名=デフォルト値のように指定します。デフォルト値を持つ引数は、呼び出し時の引数の指定を省略できます。

```
>>> def print_page(content='no content'):
...    print(content)
...
>>> print_page()  # デフォルト値が利用される
no content

# 引数を渡すとその値が利用される
>>> print_page('my contents')
my contents
```

関数はオブジェクト

　前述したとおり、Pythonでは関数もオブジェクトです。関数が定義されると、関数名を名前とする関数オブジェクトが作成されます。関数オブジェクトは、数値や文字列と同じように変数に代入できます。

```
>>> def print_page(content='no content'):
...     print(content)
...

# 変数print_pageは関数オブジェクト
>>> type(print_page)
<class 'function'>

# 変数fに関数オブジェクトprint_pageを代入
>>> f = print_page
>>> f()  # print_page()と同等
no content
```

　関数オブジェクトは、ほかの関数の引数や、戻り値などにも使えます。

```
>>> def print_title(printer, title):
...     print('@@@@@')
...     # 引数printerは関数オブジェクト
...     printer(title.upper())
...     print('@@@@@')
...

# 関数print_pageを渡し、タイトルを印刷
>>> print_title(print_page, 'python practice book')
@@@@@
PYTHON PRACTICE BOOK
@@@@@
```

関数の戻り値

　return文を使うと、関数の戻り値を指定できます。次のコードは、引数で渡された値に1を足した値を戻り値とする関数です。

```
>>> def increment(page_num):
...     return page_num + 1
...
>>> next_page = increment(1)  # 戻り値をnext_pageに格納
```

```
>>> next_page
2

# 内側のincrement(2)の戻り値3が外側のincrementの引数になる
>>> increment(increment(next_page))
4
```

　return文が実行されるとそこで処理が終了します。そのため、return文以降
の処理は実行されません。

```
>>> def increment(page_num, last):
...     next_page = page_num + 1
...     if next_page <= last:
...         return next_page
...     raise ValueError('Invalid arguments')
...
>>> increment(1, 3)  # returnで処理は終了する
2
>>> increment(3, 3)  # returnされないため最後まで実行される
Traceback (most recent call last):
  File "<stdin>", line 1, in <module>
  File "<stdin>", line 5, in increment
ValueError: Invalid arguments
```

● returnがない場合の戻り値

　Pythonでは、return文に値を渡さない場合の戻り値はNoneになります。

```
>>> def no_value():  # return文に値を渡さない関数
...     return
...
>>> print(no_value())  # 戻り値はNone
None
```

　また、return文がない場合や処理の分岐によってreturn文が実行されない場
合もNoneが返されます。ただし、return文が実行されたりされなかったりする
一貫性のない関数は保守性が低くなります。return文を使う関数では、return
文が常に実行されるようにし、戻り値を明示しましょう。

```
>>> def no_return():  # return文がない関数
...     pass
...
>>> print(no_return())
None
```

```
# 条件によってreturn文が実行されない場合がある関数
>>> def increment(page_num, last):
...     next_num = page_num + 1
...     if next_num <= last:
...       return next_num
...
>>> next_page = increment(3, 3)  # return文が実行されない
>>> print(next_page)  # 戻り値はNone
None
```

関数のさまざまな引数

　Pythonの関数は、柔軟でシンプルな呼び出し方に対応できます。一方で、柔軟でシンプルな呼び出しを実現するために、関数の引数周りの仕様は少々複雑になっています。以降では、関数定義時に使う引数を仮引数と呼び、関数呼び出し時に渡す引数を実引数と呼びます[注2]。

● 位置引数 —— 仮引数名を指定しない実引数の受け渡し

　関数の呼び出しで、仮引数名を指定せずに渡す実引数を位置引数と言います。位置引数を使う場合は、実引数の順番が仮引数の順番と一致します。

　それでは、位置引数を利用して、increment()関数を呼び出してみましょう。

```
>>> def increment(page_num, last):
...     next_page = page_num + 1
...     if next_page <= last:
...       return next_page
...     raise ValueError('Invalid arguments')
...
>>> increment(2, 10)  # 位置引数による関数呼び出し
3
```

　呼び出し結果から、1つ目の実引数2が仮引数page_numに、2つ目の実引数10が仮引数lastに渡されていることがわかります。

　位置引数を使った関数呼び出しでは、関数が必要とする引数の数と渡した実引数の数が一致しない場合は、例外TypeErrorが送出されます。実引数が足りない場合と多い場合では、エラーメッセージが異なります。

```
# 実引数が足りない
>>> increment(2)
```

[注2]　Pythonの公式ドキュメントでは、parameterが仮引数に対応し、argumentが実引数に対応します。

```
Traceback (most recent call last):
  File "<stdin>", line 1, in <module>
TypeError: increment() missing 1 required positional argument: 'last'

# 実引数が多い
>>> increment(2, 10, 1)
Traceback (most recent call last):
  File "<stdin>", line 1, in <module>
TypeError: increment() takes 2 positional arguments but 3 were given
```

● **キーワード引数** —— 仮引数名を指定した実引数の受け渡し

関数の呼び出しで、仮引数名を指定して渡す実引数をキーワード引数と言います。キーワード引数を使う場合は、呼び出し時の順番は呼び出し結果に影響しません。

先ほどの increment() 関数を、キーワード引数を使って呼び出してみます。

```
# キーワード引数による関数呼び出し
>>> increment(page_num=2, last=10)
3

# 順番を入れ替えても結果は同じ
>>> increment(last=10, page_num=2)
3
```

呼び出し結果を見ると、どちらの呼び出し方でも引数 page_num に 2 が、last に 10 が渡されていることがわかります。

また、存在しない仮引数名を指定すると、例外 TypeError が送出されます。位置引数のときと同じ例外クラスですが、エラーメッセージは位置引数のときとは異なっています。

```
>>> increment(page_num=2, last=10, unknown=0)
Traceback (most recent call last):
  File "<stdin>", line 1, in <module>
TypeError: increment() got an unexpected keyword argument 'unknown'
```

位置引数とキーワード引数を組み合わせることもできます。組み合わせて使う場合は、位置引数を先に書き、その後ろにキーワード引数を書く必要があります。

```
# 位置引数とキーワード引数を合わせて使う
>>> increment(2, last=10)
3
```

```
# キーワード引数の後ろに位置引数を書くとエラー
>>> increment(page_num=2, 10)
  File "<stdin>", line 1
SyntaxError: positional argument follows keyword argument

# 位置引数の2が先に仮引数page_numに渡されるためエラー
>>> increment(2, page_num=3)
Traceback (most recent call last):
  File "<stdin>", line 1, in <module>
TypeError: increment() got multiple values for argument 'page_num'
```

● **デフォルト値のある引数** —— 実引数を省略できる仮引数

　関数を定義する際、仮引数にデフォルト値を指定できます。デフォルト値は、その引数に実引数が渡されない場合に利用されます。デフォルト値を使うと、関数呼び出しがシンプルになります。

　デフォルト値は、関数定義時に仮引数名=デフォルト値のように設定します。デフォルト値のある仮引数は、デフォルト値のない仮引数よりも後ろにおく必要があります。

```
# lastにのみデフォルト値を指定
>>> def increment(page_num, last=10):
...     next_page = page_num + 1
...     if next_page <= last:
...         return next_page
...

# この呼び出しではlastはデフォルト値の10
>>> increment(2)
3

# この呼び出しではlastは実引数で渡した1
>>> increment(2, 1)

# デフォルト値のある引数は位置引数より後ろでないといけない
>>> def increment(page_num=0, last):
...     pass
  File "<stdin>", line 1
SyntaxError: non-default argument follows default argument
```

　すでに利用されている関数にデフォルト値を持つ引数を追加しても、もとの呼び出し元のコードは修正する必要はありません。そのため、新機能の追加時やリファクタリング時には特に重宝されます。

デフォルト値の落とし穴

　デフォルト値には大きな落とし穴があります。呼び出し時の時刻を表示する関数で具体例を見てみましょう。次の print_page() 関数は、引数で受け取った値と現在時刻を表示します。メソッド datetime.datetime.now() は、標準ライブラリにある現在時刻を返す関数です。

```
>>> from datetime import datetime

# これはデフォルト値の間違った使い方の例
>>> def print_page(content, timestamp=datetime.now()):
...     print(content)
...     print(timestamp)
...
>>> print_page('my content')
my content
2019-11-26 20:35:57.246591

# 呼び出し時の時刻を表示するはずが
# 1回目と同じタイムスタンプになっている
>>> print_page('my content 2')
my content 2
2019-11-26 20:35:57.246591
```

　上記の結果をよく確認してください。print_page() 関数を2回呼び出していますが、表示されているタイムスタンプはまったく同じです。表示したいのは呼び出し時の時刻ですので、この関数は期待通りの動きをしていません。この関数を期待通りに動作させるには、次のように修正します。

```
# デフォルト値はNoneにする
>>> def print_page(content, timestamp=None):
...     if timestamp is None:
...         timestamp = datetime.now()
...     print(content)
...     print(timestamp)
...
>>> print_page('my content')
my content
2019-11-26 20:36:47.647915

# 実行時の現在時刻が表示される
>>> print_page('my content 2')
my content 2
2019-11-26 20:36:52.522628
```

修正後の実行結果では、呼び出し時の時刻が正しく表示されました。ここ
で紹介した挙動は、Pythonの次の仕様によるものです。

> デフォルト引数値は関数定義が実行されるときに左から右へ評価されま
> す。これは、デフォルト引数の式は関数が定義されるときにただ一度だ
> け評価され、同じ"計算済みの"値が呼び出しのたびに使用されることを
> 意味します。この仕様を理解しておくことは特に、デフォルト引数値が
> リストや辞書のようなミュータブルなオブジェクトであるときに重要で
> す:関数がこのオブジェクトを変更(たとえばリストに要素を追加)する
> と、このデフォルト値が変更の影響を受けてしまします。(原文ママ)
> ──「関数定義」『Pythonドキュメント』
> https://docs.python.org/ja/3/reference/compound_stmts.html#function-definitions

ミュータブルなオブジェクトとは、4.9節で紹介した可変オブジェクトのこ
とです。慣れないうちは、ついついデフォルト値に現在時刻や空のリスト
([])、空の辞書({})などの可変オブジェクトを指定しがちになります。引数
のデフォルト値の仕様を理解し、デフォルト値では可変オブジェクトは使わ
ず、代わりにNoneを使いましょう。

● 可変長の位置引数

可変長の引数(任意の数の引数)を受け取る関数も定義できます。まずは、位
置引数から見ていきます。

可変長の位置引数を受け取る関数は、仮引数名に*を付けると定義できます。
この仮引数名には任意の名前を利用できますが、慣例として*argsとすること
が多いです。*argsは、仮引数に割り当てられなかった位置引数をタプルで受
け取ります。*argsを指定できる場所は、ほかの位置引数の最後でデフォルト
値のある引数よりも前です。

```
# 可変長の位置引数を受け取る
>>> def print_pages(content, *args):
...     print(content)
...     for more in args:
...         print('more:', more)
...
>>> print_pages('my content')  # argsは空のタプル
my content
```

```
# argsは('content2', 'content3')
>>> print_pages('my content', 'content2', 'content3')
my content
more: content2
more: content3
```

● 可変長のキーワード引数

　可変長のキーワード引数を受け取る関数は、仮引数名に ** を付けると定義で
きます。この仮引数名には任意の名前を利用できますが、慣例として **kwargs
とすることが多いです。**kwargs は、仮引数に割り当てられなかったキーワー
ド引数を辞書で受け取ります。**kwargs を指定できる場所は、ほかの位置引数
やデフォルト値のある引数よりも後ろ、つまり一番最後です。

```
# 可変長のキーワード引数を受け取る
>>> def print_page(content, **kwargs):
...     print(content)
...     for key, value in kwargs.items():
...         print(f'{key}: {value}')
...
>>> print_page('my content', published=2019,
...            author='rei suyama')
my content
published: 2019
author: rei suyama
```

　位置引数もキーワード引数も可変長で受け取るようにすると、どのような引
数の呼び出しにも柔軟に対応できます。

```
# どのような呼び出しにも対応
>>> def print_pages(*args, **kwargs):
...     for content in args:
...         print(content)
...     for key, value in kwargs.items():
...         print(f'{key}: {value}')
...
>>> print_pages('content1', 'content2', 'content3',
...            published=2019, author='rei suyama')
content1
content2
content3
published: 2019
author: rei suyama
```

可変長の引数は、とても便利な機能です。ただし、その関数がどのような引数を期待しているのかがわかりづらくなります。コードの可読性に問題がないか、十分に検討したうえで利用してください。

● **キーワードのみ引数** ── 呼び出し時に仮引数名が必須になる引数

キーワードのみ引数は、呼び出し時に仮引数名の指定が必須になります。引数の意味をユーザーに強く意識させたり、可読性を高める効果があります。

キーワードのみ引数を定義するには、キーワードのみ引数としたい仮引数の前に、*を指定します。

```
# *以降がキーワードのみ引数になる
>>> def increment(page_num, last, *, ignore_error=False):
...     next_page = page_num + 1
...     if next_page <= last:
...         return next_page
...     if ignore_error:
...         return None
...     raise ValueError('Invalid arguments')
...

# キーワード引数でのみ指定できる
>>> increment(2, 2, ignore_error=True)
>>> increment(2, 2, True)  # 位置引数ではエラーになる
Traceback (most recent call last):
  File "<stdin>", line 1, in <module>
  File "<stdin>", line 7, in increment
ValueError: Invalid arguments
```

● **位置のみ引数** ── 呼び出し時に仮引数名を指定できない引数

仮引数名を指定するとエラーになる、位置のみ引数もあります。位置のみ引数は、組み込み関数abs()や組み込み関数pow()など一部の組み込み関数で使用されています。

```
>>> abs(-1)  # abs()は位置のみ引数の例
1

# ヘルプページはqで終了
>>> help(abs)

# ヘルプページの内容は下記のとおり
#  Help on built-in function abs in module builtins:
```

```
#
#  abs(x, /)
#      Return the absolute value of the argument.
>>> abs(x=1)  # 仮引数名を指定するとエラー
Traceback (most recent call last):
  File "<stdin>", line 1, in <module>
TypeError: abs() takes no keyword arguments
```

　位置のみ引数は、Python 3.8からユーザーが定義する関数でも利用できるようになりました。位置のみ引数を定義するには、位置のみ引数としたい仮引数を列挙したあとに、/を指定します。

```
# /より前が位置のみ引数になる
>>> def add(x, y, /, z):
...    return x + y + z
...
>>> add(1, 2, 3)
6

# zはキーワードでも指定できる
>>> add(1, 2, z=3)
6

# xとyはキーワードでは指定できない
>>> add(x=1, y=2, z=3)
Traceback (most recent call last):
  File "<stdin>", line 1, in <module>
TypeError: add() got some positional-only arguments passed as keyword argu ⏎
ments: 'x, y'
```

引数リストのアンパック —— リストや辞書に格納された値を引数に渡す

　引数リストのアンパックとは、関数呼び出し時に＊演算子でリストや辞書から引数を展開する機能です。引数リストのアンパックを使うと、リストやタプルで保持している値を関数の位置引数として渡せます。

```
>>> def print_page(one, two, three):
...    print(one)
...    print(two)
...    print(three)
...
>>> contents = ['my content', 'content2', 'content3']
```

```
# print_page('my content', 'content2', 'content3')と同じ
>>> print_page(*contents)  # 引数リストのアンパック
my content
content2
content3
```

　同様に、関数呼び出し時に**演算子を使うと、辞書に格納している値をキーワード引数として渡せます。

```
>>> def print_page(content, published, author):
...     print(content)
...     print('published:', published)
...     print('author:', author)
...
>>> footer = {'published': 2019, 'author': 'rei suyama'}

# 辞書の値をキーワード引数として渡す
>>> print_page('my content', **footer)
my content
published: 2019
author: rei suyama
```

関数のDocstring

　1.3節でも紹介したように、関数にはDocstringを記述できます。

```
def increment(page_num, last, *, ignore_error=False):
    """次のページ番号を返す

    :param page_num: もとのページ番号
    :type page_num: int
    :param last: 最終ページの番号
    :type last: int
    :param ignore_error: Trueの場合ページのオーバーで例外を送出しない
    :type ignore_error: bool
    :rtype: int
    """
    next_page = page_num + 1
    if next_page <= last:
        return next_page
    if ignore_error:
        return None
    raise ValueError('Invalid arguments')
```

　Docstringには、コメントと同じく好きな文字列を記述できます。多くの場合、その関数の概要、引数や戻り値の説明や型などが記述されます。エディタやIDEによっては、Docstringをもとにヒントや警告を出してくれます[注3]（**図5.1**）。

5.2

lambda式 ──無名関数の作成

　lambda式を使うと、1行で無名関数を作成できます。無名関数とは、その名のとおり名前のない関数を指し、関数が必要なときにその場で定義できます。無名関数は、関数の引数として関数オブジェクトを渡すときによく利用されます。

lambda式の定義と実行

　Pythonのlambda式の構文は、次のとおりです。

注3　Docstringでよく使われる記法には、1.3節で紹介したreStructuredTextを使った記法、numpydocの記法、Google Python Style Guideの記法があります。

図5.1 PyCharmでのDocstringによるヒントの表示

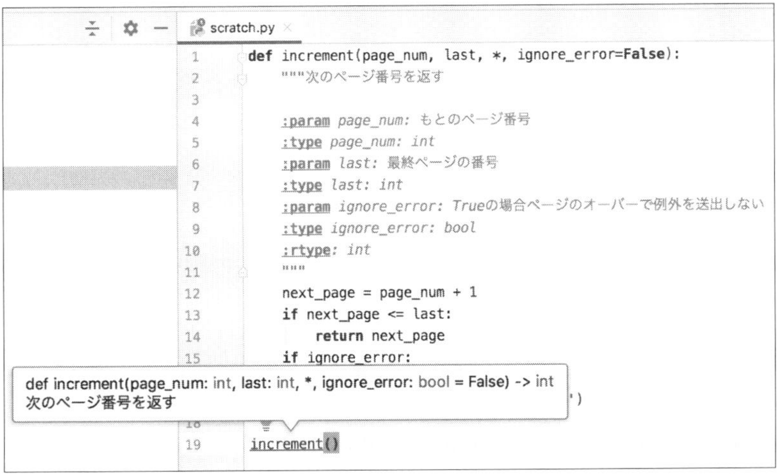

```python
def increment(page_num, last, *, ignore_error=False):
    """次のページ番号を返す

    :param page_num: もとのページ番号
    :type page_num: int
    :param last: 最終ページの番号
    :type last: int
    :param ignore_error: Trueの場合ページのオーバーで例外を送出しない
    :type ignore_error: bool
    :rtype: int
    """
    next_page = page_num + 1
    if next_page <= last:
        return next_page
    if ignore_error:
```

```
def increment(page_num: int, last: int, *, ignore_error: bool = False) -> int
次のページ番号を返す
```

```python
increment()
```

```
lambda 引数1, 引数2,...: 戻り値になる式
```

　引数は、通常の関数定義と同様にカンマ(,)区切りで複数記述できます。また、戻り値になる式が評価された結果はそのまま呼び出し元に返されます。そのため、return文は不要です。lambda式はその構文中に改行を含められないため、必ず1行で記述する必要があります。

　それでは、実際にlambda式を使って関数を定義してみましょう。次のlambda式は、受け取った値に1を足して返すだけの関数です。このlambda式と等価になる通常の関数定義も載せています。

```
>>> increment = lambda num: num + 1  # lambda式で関数を定義
>>> increment  # lambda式であることがわかる
<function <lambda> at 0x104a4a510>
>>> increment(2)
3

# このlambda式と同等の通常の関数定義
>>> def increment(num):
...     return num + 1
...
```

lambda式の使いどころ

　lambda式の多用はコードの可読性を下げるため避けるべきですが、lambda式が適しているシーンももちろんあります。それは、関数を引数として受け取る関数を呼び出すときです。たとえば、組み込み関数filter()の第一引数や組み込み関数sorted()の引数keyなどが、関数を引数として受け取ります。これらの引数に渡したい関数が1行で簡潔に書ける場合は、lambda式が利用されることも多いです。

```
>>> nums = ['one', 'two', 'three']

# 第一引数の関数が真になるもののみが残る
>>> filtered = filter(lambda x: len(x) == 3, nums)
>>> list(filtered)
['one', 'two']
```

5.3
型ヒント —— アノテーションで関数に型情報を付与する

　関数には、アノテーションを用いて型ヒントを追加できます。型ヒントとは、静的型付き言語のように関数の引数と戻り値に型情報を付けられる機能です。ただし、静的型付き言語とは違い、付与された型情報はアノテーションと呼ばれる属性 __annotations__ に格納されるだけで、実行時に型チェックが行われるわけではありません[注4]。

型情報を付与するメリット

　実行時に型チェックされないにもかかわらず、型情報を付与する意味は何でしょうか。その答えは、型情報を付与するとコードの保守性が向上するためです。具体的には、コードを読む人の理解を助けたり、mypy[注5] などの静的解析ツールによる型チェックの利用、エディタやIDEのコード補完の精度向上などが期待できます。また、型情報を利用したコードの自動生成にも活用できます。

型情報の付与

　次の構文を使うと、関数の引数と戻り値に型情報を付与できます。

```
def 関数名(arg1: arg1の型,
         arg2: arg2の型,...) -> 戻り値の型:
    関数で実行したい処理
    return 戻り値
```

　具体的な実装を見ていきましょう。次のコードは、型情報を付与した関数を定義しています。付与された型情報は、そのオブジェクトの属性 __annotations__ に格納されます。

```
# OptionalはNoneの可能性がある場合に利用
>>> from typing import Optional
>>> def increment(
```

注4　実行時の型チェックが禁止されているわけではありません。しかし、型ヒントの導入を進めている「PEP 484 -- Type Hintsの Non-goals」では、Pythonの開発者たちは慣例であっても型ヒントを必須にすることを望んでいないと強調されています。https://www.python.org/dev/peps/pep-0484/#non-goals

注5　http://mypy-lang.org

```
...     page_num: int,
...     last: int,
...     *,
...     ignore_error: bool = False) -> Optional[int]:
...     next_page = page_num + 1
...     if next_page <= last:
...         return next_page
...     if ignore_error:
...         return None
...     raise ValueError('Invalid arguments')
...
>>> increment.__annotations__  # 型情報が格納されている
{'page_num': <class 'int'>, 'last': <class 'int'>, 'ignore_error': <class
'bool'>, 'return': typing.Union[int, NoneType]}
```

　前述のとおり、実行時に型情報が自動でチェックされることはありません。
そのため、引数ignore_errorにbool型ではなくint型の値を指定しても実行で
きます。

```
# 実行時の型チェックはされないためエラーにはならない
>>> increment(1, 3, ignore_error=1)
2
```

● **変数への型情報の付与**

　引数の型情報と同様に、変数の型情報も宣言できます。こちらもまた、実行
時に型情報が自動でチェックされることはありません。

```
>>> def decrement(page_num: int) -> int:
...     prev_page: int  # 型情報を付けて変数を宣言
...     prev_page = page_num - 1
...     return prev_page
...
>>> decrement(2)
1

# 実行時の型チェックはされないためエラーにはならない
>>> decrement(2.0)
1.0
```

型ヒントの活用例―― 静的解析ツールの利用

　型ヒントの活用例として、次のscratch.pyを静的解析ツールmypyを使って

チェックした結果を紹介します[注6]。mypyを利用するには、mypyパッケージのインストールが必要になります[注7]。そのため、ここでは2.1節で紹介したdockerコマンドを用いて実行した結果を記載しています。

```
scratch.py
from typing import Optional


def increment(page_num: int,
              last: int,
              *,
              ignore_error: bool = False) -> Optional[int]:
    """次のページ番号を返す

    :param page_num: 元のページの番号
    :param last: 最終ページの番号
    :param ignore_error: Trueの場合ページのオーバーで例外を送出しない
    :return: 次のページの番号
    """
    next_page = page_num + 1
    if next_page <= last:
        return next_page
    if ignore_error:
        return None
    raise ValueError("Invalid arguments")


# 型の一致していない呼び出し
increment(1, 10, ignore_error=1)
```

mypy scratch.pyコマンドを実行して静的型チェックを実行すると、結果は次のようになります。最終行がmypy scratch.pyコマンドの実行結果になっており、型の一致していない呼び出し箇所をエラーとして検出できています。

```
# mypyコマンドによる静的型チェックの実行
$ docker run -it --rm -v $(pwd):/usr/src/app -w /usr/src/app python:3.8.1
bash -c 'pip install mypy==0.740; mypy scratch.py' 実際は1行
Collecting mypy==0.740
...
scratch.py:24: error: Argument "ignore_error" to "increment" has incompatible
type "int"; expected "bool"
Found 1 error in 1 file (checked 1 source file)
```

注6　mypyは標準ライブラリには含まれていませんが、Pythonの型ヒントの仕様に深く関わっているパッケージです。また、mypyの開発にはGuido氏も携わっています。

注7　mypyなどの外部パッケージのインストール方法は、11.2節で紹介します。

また、**図5.2**は筆者が普段利用している Python 向け IDE の PyCharm[注8] で、こ
の scratch.py を編集している画面です。コードの編集中にリアルタイムに型情
報を解析し、関数呼び出しの型が一致していないことを警告してくれます。

5.4
本章のまとめ

本章では、関数の定義方法やその使い方を紹介しました。

関数の引数定義や呼び出し方は種類が多く、慣れないうちは混乱するかもし
れません。しかし、しっかりと設計しながら関数を作ると、柔軟さと使いやす
さを両立させた関数を定義できます。また、よりわかりやすく保守性の高いコー
ドを作るために、Docstring や型ヒントも活用していきましょう。

注8　https://www.jetbrains.com/pycharm/

図5.2　**PyCharmでの型ヒントの活用例**

```
scratch.py ×
 1    from typing import Optional
 2
 3
 4    def increment(page_num: int,
 5                  last: int,
 6                  *,
 7                  ignore_error: bool = False) -> Optional[int]:
 8        """次のページ番号を返す
 9
10        :param page_num: 元のページの番号
11        :param last: 最終ページの番号
12        :param ignore_error: Trueの場合ページのオーバーで例外を送出しない
13        :return: 次のページの番号
14        """
15        next_page = page_num + 1
16        if next_page <= last:
17            return next_page
18        if ignore_error:
19            return None
20        raise ValueError("Invalid arguments")
21
22
23    # 型の一致していない呼び出し
24    increment(1, 10, ignore_error=1)
25
            Expected type 'bool', got 'int' instead        ⋮
```

第**6**章

クラスとインスタンス

Pythonでは、ここまで型と呼んできたものを実現するためにクラスと呼ばれるしくみを利用しています。自分で新しいクラスを定義できると、便利な型を自由に追加でき、組み込み型の拡張もできるため、プログラムの幅がぐっと広がります。

本章では、Pythonのクラス機構の概要を紹介し、その後インスタンスオブジェクト、クラスオブジェクト、クラスの継承などのPythonでクラスを使う際には欠かせない項目について説明します。

6.1
Pythonのクラス機構

クラスとは、オブジェクトの型を定義する機能です。クラスをもとに生成されたオブジェクトはインスタンスと呼ばれ、同じクラスの複数のインスタンスは、同じ性質を持ちつつもそれぞれが独立した状態を保持します。Pythonのクラスには、のちほど説明するクラスの継承、メソッドのオーバーライド(上書き)などの機能が備わっており、クラスベースのオブジェクト指向プログラミングができます。

まずは、実際にクラスを定義して、そこからインスタンスを作成してみましょう。新しい用語がいくつか出てきますが、それらは本章を通して解説していきます。

classキーワードによるクラスの定義

Pythonでクラスを定義する構文は、次のようになります。

```
class クラス名(基底クラス名):
    def メソッド名(引数1, 引数2,...):
        メソッドで実行したい処理
        return 戻り値
```

基底クラスを指定すると、指定した基底クラスの性質を継承してサブクラスを定義できます。基底クラスの指定は( )も含めて省略でき、省略するとobjectクラスを継承します。メソッドとは、クラスに紐付く処理のことを言い、前章で紹介した関数とほぼ同じものです。

たとえば、1枚のページを表現するPageクラスを定義すると、次のようになります。通常、クラス名にはPageやMyPageのように頭文字を大文字にした単語

を使います注1。関数を定義した時と同様に、クラスを定義するとその名前のクラスオブジェクトが作成されます。

```
>>> class Page:  # クラスの定義
...   def __init__(self, num, content):
...     self.num = num  # ページ番号
...     self.content = content  # ページの内容
...   def output(self):
...     return f'{self.content}'
...
>>> Page  # クラスオブジェクトPageが定義された
<class '__main__.Page'>
```

このPageクラスから作成されるインスタンスは、共通してnumとcontentという2つの属性を持ちます。これらはインスタンスごとに固有の値となるため、インスタンス変数と呼ばれます。また、__init__()とoutput()はこのクラスのインスタンスが持つメソッドです。

インスタンスの作成

クラスオブジェクトに()を付けて呼び出すと、インスタンスを作成できます。これはインスタンス化とも呼ばれます。詳細は後述しますが、このときクラスオブジェクトに渡された引数は、作成されたインスタンスのメソッド__init__()に渡され、インスタンスの初期化に利用されます。

それでは、Pageクラスからインスタンスを作成しましょう。次の例では、Pageクラスのインスタンスtitle_pageを作成しています。

```
# インスタンス化
>>> title_page = Page(0, 'Python Practice Book')
>>> type(title_page)  # インスタンスのクラスを確認
<class '__main__.Page'>

# Pageクラスのインスタンスか確認
>>> isinstance(title_page, Page)
True

# インスタンスが持つ属性を確認
>>> dir(title_page)
['__class__', ... 'content', 'num', 'output']
```

注1　単語の頭文字を大文字にしてつなげる記法は一般にキャメルケースと呼ばれます。

6.2
インスタンス —— クラスをもとに生成されるオブジェクト

インスタンスは、クラス定義の内容に沿ったメソッドや変数を持っています。インスタンスが持つメソッドは、インスタンスメソッドと呼ばれます。インスタンスメソッドでは、その処理の中でインスタンス自身にアクセスできます。インスタンスが持つインスタンス変数は、それぞれがインスタンス固有の独立したデータです。

インスタンスメソッド —— インスタンスに紐付くメソッド

インスタンスメソッドの定義の構文は、関数定義とほぼ同じです。クラス定義の中で定義され、第一引数にselfを指定する以外は、通常の関数と変わりません。第一引数には必ずインスタンス自身のオブジェクトが渡されるため、仮引数名には慣例としてselfを使用します。

先ほどのPageクラスで定義したoutput()は、インスタンスメソッドです。インスタンスメソッドを実行するには、title_page.output()のようにインスタンスの属性としてメソッドを呼び出します。呼び出し時に引数を渡していませんが、インスタンスメソッドの第一引数selfには、インスタンスメソッドを実行したインスタンス自身が渡されます。

```
>>> title_page.output()  # インスタンスメソッドの呼び出し
'Python Practice Book'
```

Column

メソッドオブジェクトと関数オブジェクト

インスタンスメソッドと関数は、その機能に何の違いもありません。次に示すように、インスタンスメソッドと関数はどちらもfunctionクラスのインスタンスとして実現されています。

```
>>> class Klass:
...     def some_method(self):  # インスタンスメソッドを定義
...         print('method')
...
```

```
>>> def some_function(self):  # 同じ引数の関数を定義
...   print('function')
...

# 関数はfunctionクラスのインスタンス
>>> type(some_function)
<class 'function'>

# インスタンスメソッドもfunctionクラスのインスタンス
>>> type(Klass.some_method)
<class 'function'>
```

さらに次のコードを動かすと、メソッドが関数であることがより実感できるでしょう。先ほど function クラスと表示されていた属性 some_method が、今度は method クラスと表示されています。このようにインスタンスの属性として、クラスオブジェクトに紐付く関数を参照すると、その関数はインスタンスメソッドに変換されます。

```
# インスタンスを通じてアクセスするとmethodクラスになる
>>> kls = Klass()
>>> type(kls.some_method)
<class 'method'>
```

Python では属性の検索が実行時に行われるため、インスタンスメソッドを動的に追加することもできます。

```
# クラスオブジェクトの属性に関数を追加
>>> Klass.some_function = some_function

# インスタンスメソッドとして実行
>>> kls.some_function()
function
```

ここでは Python のしくみを理解するために、動的なインスタンスメソッドの追加を行いました。しかし、このようなコードは可読性や保守性を低下させるため、勉強や実験目的以外での使用は避けましょう。

インスタンス変数 ── インスタンスが保持する変数

インスタンスの属性に値を代入すると、インスタンス変数を定義できます。インスタンス変数は、それぞれのインスタンスで独立した値となります。

次の例では、先ほど作成したインスタンスtitle_pageに新しいインスタンス変数sectionを定義しています。しかし、別のインスタンスfirst_pageにはその属性は存在しないため、アクセスしようとすると例外AttributeErrorが送出されます。

```
>>> title_page.section = 0
>>> title_page.section
0
>>> first_page = Page(1, 'first page')
>>> first_page.section
Traceback (most recent call last):
  File "<stdin>", line 1, in <module>
AttributeError: 'Page' object has no attribute 'section'
```

インスタンスの初期化

先ほどは、title_pageにだけインスタンス変数sectionを定義しました。しかし、Pageクラスのインスタンスには、共通してインスタンス変数sectionを持たせておきたいところです。そこで利用されるメソッドが__init__()です。__init__()のようにメソッド名の前後にアンダースコアが2つ(__)付いたメソッドは、特殊メソッドと呼ばれ、Pythonが仕様に沿って暗黙的に呼び出します。特殊メソッドは__init__()以外にも複数あるため、8.2節で代表的なものを紹介します。

● __init__() ── インスタンスの初期化を行う特殊メソッド

特殊メソッド__init__()は、インスタンスの生成直後に自動で呼び出され、通常のインスタンスメソッドと同様、第一引数にインスタンス自身が渡ってきます。また、インスタンス化時に渡された値が、第二引数以降にそのまま渡されてくるため、それらの値の利用もできます。つまり、特殊メソッド__init__()はインスタンスの初期化に利用でき、ここでインスタンスに属性を追加すると、このクラスのすべてのインスタンスがその属性を持つことになります。

ここで、Pageクラスの定義を修正し、インスタンス変数にsectionを増やしてみましょう。インスタンス変数として、numとcontent、そして追加したsectionを持っていることがわかります。

```
# クラスの定義
>>> class Page:
...     def __init__(self, num, content, section=None):
...         self.num = num
```

```
...      self.content = content
...      self.section = section
...    def output(self):
...      return f'{self.content}'
...
```

●引数を渡してインスタンス化する

それでは、あらためてPageクラスをインスタンス化してみましょう。インスタンス化時には、引数numとcontentの指定が必須です。また、引数sectionもオプションで指定できます。

```
# インスタンスを作成
>>> title_page = Page(0, 'Python Practice Book')
>>> title_page.section  # sectionはNone
>>> title_page.output()
'Python Practice Book'

# sectionを指定して別のインスタンスを作成
>>> first_page = Page(1, 'first page', 1)
>>> first_page.section  # sectionが指定されている
1
>>> first_page.output()
'first page'
```

● __init__()と__new__()の違い —— イニシャライザとコンストラクタ

__init__()は、インスタンスの初期化に使われる特殊なメソッドです。

インスタンスの初期化と言うと、JavaやC++などのコンストラクタを思い浮かべる方も多いと思います。コンストラクタとは、インスタンスを生成する処理を指し、JavaやC++ではインスタンスの初期化もコンストラクタで行われます。しかし、Pythonの特殊メソッド__init__()は、インスタンスが生成されたあとに呼び出される点がコンストラクタとは違います。そのため、特殊メソッド__init__()はコンストラクタではなく、イニシャライザと呼ばれます。

Pythonでコンストラクタに対応するメソッドは、特殊メソッド__new__()で、この戻り値がそのクラスのインスタンスとなります[注2]。つまり、クラスオブジェクトを呼び出してインスタンス化を行ったときには、まず始めにこの特殊メソッド__new__()が呼び出され、その戻り値が__init__()の第一引数selfに渡されます。

注2　特殊メソッド__new__()は第一引数がそのクラスのクラスオブジェクトであるため、クラスメソッドと呼ばれます。通常のクラスメソッドは@classmethodを付けて定義されますが、__new__()は例外的に@classmethodを付ける必要がありません。

```
>>> class Klass:
...     def __new__(cls, *args):  # コンストラクタ
...         print(f'{cls=}')
...         print('new', args)
...         # インスタンスを作成して返す
...         return super().__new__(cls)
...     def __init__(self, *args):  # イニシャライザ
...         # インスタンスの初期化はこちらで行う
...         print('init', args)
...

# インスタンス化
>>> kls = Klass(1, 2, 3)
cls=<class '__main__.Klass'>
new (1, 2, 3)
init (1, 2, 3)
```

● **__new__()の注意点**

　ほとんどの場合、インスタンスの初期化は特殊メソッド __init__() で対応できます。そのため、Pythonでは特殊メソッド __new__() を使ったインスタンスのカスタマイズが必要なシーンは少ないです。

　特殊メソッド __new__() を利用すると、通常の挙動からは想像ができない挙動を簡単に実現できます。たとえば、次のコードのEvilクラスは、特殊メソッド __new__() が1を返しています。したがって、このEvilクラスをインスタンス化しても、得られるインスタンスはEvilクラスのインスタンスにはなりません。

```
>>> class Evil:
...     def __new__(cls, *args):
...         return 1
...

# Evilクラスをインスタンス化
>>> evil = Evil()
>>> isinstance(evil, Evil)
False
>>> type(evil)
<class 'int'>

# インスタンスは__new__()の戻り値
>>> evil
1
```

　上記のコードがあれば、Evilクラスが__new__()をカスタマイズしていることはわかります。しかし、もし次のコードしか見ていないときは、何が起きているのか想像することは難しいでしょう。

```
>>> class MyClass(Evil):
...     def print_class(self):
...         print('MyClass')
...
>>> my = MyClass()

# 追加したはずのメソッドが利用できない
>>> my.print_class()
Traceback (most recent call last):
  File "<stdin>", line 1, in <module>
AttributeError: 'int' object has no attribute 'print_class'
>>> my
1
```

　このようなコードは混乱のもととなり、品質にも大きな影響を及ぼします。フレームワークやライブラリの作成でどうしても必要なとき以外では、特殊メソッド__new__()の利用は避けましょう。

プロパティ —— インスタンスメソッドをインスタンス変数のように扱う

　プログラムを書いていると「ほかのインスタンス変数から求められる値を使いたい」「インスタンス変数に代入される値をチェックしたい」と思うことがあります。この典型的な例の1つに、ECサイトでの商品価格があります。たとえばセールを行う場合、値引き後の価格はもとの価格から計算して返すことが望ましいです。また、値引き率(%)にマイナスの値や100を超える値が設定されそうになった場合は、エラーとすべきでしょう。

　Pythonでは、これらの要望を実現するためのしくみとしてプロパティがあります。次のコードは、実際にプロパティを使った例です。コードの詳細は続けて説明しますので、まずはそのまま実行してください。

```
>>> class Book:
...     def __init__(self, raw_price):
...         if raw_price < 0:
...             raise ValueError('price must be positive')
...         self.raw_price = raw_price
...         self._discounts = 0
```

```
...     @property
...     def discounts(self):
...       return self._discounts
...     @discounts.setter
...     def discounts(self, value):
...       if value < 0 or 100 < value:
...         raise ValueError(
...           'discounts must be between 0 and 100')
...       self._discounts = value
...     @property
...     def price(self):
...       multi = 100 - self._discounts
...       return int(self.raw_price * multi / 100)
...
```

　クラスの定義ができたら、インスタンスを作成して挙動を確認しましょう。
ここでは、次の3点に注目してください。

- インスタンス変数のようにpriceとdiscountsにアクセスできること
- 値引率が価格に反映されること
- 値引率に不正な値を設定できないこと

```
>>> book = Book(2000)
>>> book.discounts  # 初期は値引率0
0
>>> book.price  # 初期価格は2000
2000
>>> book.discounts = 20  # 値引率を設定
>>> book.price  # 値引き後の価格
1600
>>> book.discounts = 120  # 100を超える値引率はエラー
Traceback (most recent call last):
  File "<stdin>", line 1, in <module>
  File "<stdin>", line 13, in discounts
ValueError: discounts must be between 0 and 100
```

　それでは、このコードの詳細を見ていきましょう。

● property —— 値の取得時に呼び出されるメソッド

　Bookクラスの定義には、discounts()とprice()の2つの@propertyが付いた
インスタンスメソッドが定義されています。このように、インスタンスメソッド
に@propertyを付けると、そのインスタンスメソッドは()を付けずに呼び出せ

ます。この@で始まる文字列でメソッドを修飾するPythonの機能をデコレータと言います。デコレータについては、9.2節で詳しく説明します。

ここでは、インスタンス変数book.discountsにアクセスすると、実際にはインスタンス変数_discountsに格納した値が返されています。また、インスタンス変数book.priceの値は_discountsに設定した値引率が反映された価格となっています。このように、インスタンスメソッドをあたかもインスタンス変数のように扱う機能をプロパティと呼び、@propertyが付いたメソッドは値の取得時に呼び出されるためgetterと呼ばれます。プロパティにはgetterのほか、setter、deleterと呼ばれる2つの機能があります。deleterはdel文が実行されたときに呼ばれますが、本書では説明しません。

● setter —— 値の設定時に呼び出されるメソッド

Bookクラスには、@discounts.setterが付いたインスタンスメソッドdiscounts()も定義されています。これはsetterと呼ばれ、book.discounts = 20のように値を代入するときに呼ばれます。メソッド名には、@propertyを付けたメソッド名をそのまま利用しなければなりません。ここでは、値引率を表現するインスタンス変数book.discountsに、マイナスの値や100を超える値が代入されることを防いでいます。

```
>>> book.discounts = -20
Traceback (most recent call last):
  File "<stdin>", line 1, in <module>
  File "<stdin>", line 13, in discounts
ValueError: discounts must be between 0 and 100
```

また、インスタンスメソッドdiscounts()と違い、@price.setterが付いたインスタンスメソッドprice()はありません。これにより、book.priceは値が代入できない読み取り専用のインスタンス変数になっています。

```
>>> book.price = 1000
Traceback (most recent call last):
  File "<stdin>", line 1, in <module>
AttributeError: can't set attribute
```

クラスやインスタンスのプライベートな属性

先ほどのBookクラスでは値引率を保持する際に、頭文字にアンダースコア(_)を付けたインスタンス変数名_discountを利用しました。頭文字に_を付けた理

由は、インスタンス変数_discountがクラスやインスタンスのユーザーには公開する必要がない、内部用のプライベートな変数であるためです。

●**アンダースコアから始まる属性**

Pythonでは、インスタンス変数_discountのように変数やメソッドの頭文字に_を付けて、その変数やメソッドがプライベートな属性であることを表現します。「表現します」としたのは、Pythonの言語仕様にはプライベート属性がないためです。つまり、_で始まる属性であっても、参照しようと思えば外部からでも参照できます。

```
>>> book._discounts  # _で始まる変数も参照できる
20
```

●**アンダースコア2つから始まる属性**

属性の頭文字にアンダースコアを2つ(__)を付けると、名前修飾が行われます。名前修飾とは、Klassクラスの変数__xを_Klass__xという名前に変換する機能です。これは、サブクラスでの名前衝突を防ぐために利用されます。

```
>>> class Klass:
...     def __init__(self, x):
...         self.__x = x
...
>>> kls = Klass(10)
>>> kls.__x  # この名前では参照できない
Traceback (most recent call last):
  File "<stdin>", line 1, in <module>
AttributeError: 'Klass' object has no attribute '__x'
```

__で始まる属性もまた、この変換規則を知ってさえいれば外部からでも参照できます。

```
>>> kls._Klass__x  # 変換規則を知っていれば参照できる
10
```

●**プライベートな属性に対するPythonコミュニティの考え方**

_や__で始まる属性は変換規則を知っていれば参照できますが、それらは開発者がプライベートAPIだと宣言しているものです。プライベートAPIと宣言している以上、変更や削除はアナウンスなしで行われるでしょう。

　「The Hitchhiker's Guide to Python!」[注3]には、「We are all responsible users」[注4]というタイトルのセクションがあります。このタイトルを直訳すると「私たちはすべて責任あるユーザーです」となります。開発者がプライベートAPIだとを表明しているのであれば「クライアントコードではそのAPIは利用しない」「利用はあくまでも自己責任で」というPythonコミュニティの考え方を表現した言葉だと言えるでしょう。

　ちなみに、インスタンス変数を常にプライベートな変数にして、getX()やsetX()といったアクセサと呼ばれるメソッドを用意することが好まれる言語もあります。しかし、Pythonではこのようなアクセサは定義せず、_を付けないインスタンス変数を定義し、そのまま公開することが多いです。

6.3
クラス —— インスタンスのひな型となるオブジェクト

　クラスは、インスタンスを作るためのひな型です。しかし、クラスで定義できるものは、インスタンス変数やインスタンスメソッドだけではありません。クラス変数やクラスメソッドもクラスの定義の一部として定義します。クラス変数やクラスメソッドはクラスオブジェクトの属性であるため、インスタンスがなくても利用できる属性です。

クラス変数 —— クラスオブジェクトが保持する変数

　クラス変数は、クラスオブジェクトに紐付く変数で、クラスオブジェクトから参照できます。また、インスタンス変数と同じく、そのクラスのインスタンスからもクラス変数を参照できます。ただし、インスタンス変数と違い、そのクラスのすべてのインスタンスで同じ変数が共有されます。

　クラス変数はクラス定義のトップレベルに変数を定義すると作成できます。次の例ではPageクラスにクラス変数book_titleを定義しています。

注3　https://docs.python-guide.org/
注4　https://docs.python-guide.org/writing/style/#we-are-all-responsible-users

```
# クラス変数を持つクラスを定義
>>> class Page:
...     book_title = 'Python Practice Book'
...
```

クラスオブジェクトからクラス変数を参照する際は、次のようにします。

```
>>> Page.book_title
'Python Practice Book'
>>> Page.book_title = 'No title'  # クラス変数の更新
>>> Page.book_title
'No title'
```

●クラス変数にはインスタンスからも参照可能

クラス変数には、クラスオブジェクトだけでなくインスタンスからも参照で
きます。

```
>>> first_page = Page()
>>> second_page = Page()

# クラス変数にはインスタンスからも参照可能
>>> first_page.book_title
'No title'
>>> second_page.book_title
'No title'
```

クラス変数を更新する際は注意が必要です。クラス変数を更新したい場合は、
必ずクラスオブジェクトを介して代入する必要があります。

```
# クラス変数を更新
>>> Page.book_title = 'Python Practice Book'

# クラス変数はすべてのインスタンスで共有される
>>> first_page.book_title
'Python Practice Book'
>>> second_page.book_title
'Python Practice Book'
```

もしインスタンスを介して代入すると、それはクラス変数の更新にはなりま
せん。
そのインスタンスだけが持つ、新たなインスタンス変数として定義されます。

```
# これはインスタンス変数になる
>>> first_page.book_title = '[Draft]Python Practice Book'
>>> first_page.book_title
'[Draft]Python Practice Book'

# クラス変数は変わっていない
>>> Page.book_title
'Python Practice Book'
```

　クラス変数と同名のインスタンス変数が定義された場合、そのインスタンスの属性からはクラス変数にアクセスはできなくなります。これは、クラスオブジェクトの属性より先に、インスタンスオブジェクトの属性が検索されるためです。

```
>>> first_page.book_title  # インスタンス変数
'[Draft]Python Practice Book'

# インスタンス変数を削除
>>> del first_page.book_title

# インスタンスの属性にないため、クラスの属性が検索される
>>> first_page.book_title
'Python Practice Book'
```

　このしくみを使うと、インスタンス変数の初期値としてクラス変数を利用できます。

クラスメソッド —— クラスに紐付くメソッド

　クラスメソッドは、クラスに紐付くメソッドで、第一引数にクラスオブジェクトが渡されます。クラスメソッドは、@classmethodを付ける点以外はインスタンスメソッドと同様に定義できます。ただし、第一引数がクラスオブジェクトですので、selfではなくclsとすることが一般的です。
　次のPageクラスは、クラスメソッドprint_pages()を持ちます[5]。

```
# 属性を使ったソートに使える標準ライブラリをインポート
>>> from operator import attrgetter
>>> class Page:
```

注5　Pageクラスで利用している組み込み関数sorted()の使い方は、8.1節で紹介しています。

```
...     book_title = 'Python Practice Book'
...     def __init__(self, num, content):
...         self.num = num
...         self.content = content
...     def output(self):
...         return f'{self.content}'
...     # クラスメソッドの第一引数はクラスオブジェクト
...     @classmethod
...     def print_pages(cls, *pages):
...         # クラスオブジェクトの利用
...         print(cls.book_title)
...         pages = list(pages)
...         # ページ順に並べ替えて出力
...         for page in sorted(pages, key=attrgetter('num')):
...             print(page.output())
...
```

クラスメソッドを利用するには、クラス変数と同様、クラスオブジェクトから呼び出します。またインスタンスを通じても呼び出せます。

```
>>> first = Page(1, 'first page')
>>> second = Page(2, 'second page')
>>> third = Page(3, 'third page')

# クラスメソッドの呼び出し
>>> Page.print_pages(first, third, second)
Python Practice Book
first page
second page
third page

# インスタンスからも呼び出せる
>>> first.print_pages(first, third, second)
Python Practice Book
first page
second page
third page
```

スタティックメソッド —— 関数のように振る舞うメソッド

スタティックメソッドは、クラスメソッドとほぼ同じ構文で@staticmethodを使うと作成できます。スタティックメソッドの引数にはインスタンスやクラスオブジェクトは渡されず、呼び出し時に渡した値がそのまま渡されます。つ

まり、スタティックメソッドはただの関数と同じです。

```
>>> class Page:
...     def __init__(self, num, content):
...         self.num = num
...         self.content = content
...     @staticmethod  # スタティックメソッドにする
...     def check_blank(page):
...         return bool(page.content)
...
>>> page = Page(1, '')
>>> Page.check_blank(page)
False
```

Pythonは、クラスを定義しなくても関数を利用できる言語です。また、関数はモジュール内で定義されるため、os.open()やgzip.open()のように関数でもわかりやすい名前を利用できます。したがって、スタティックメソッドを積極的に使う理由はあまりありません。関数で済む処理なら関数にする方が、テストもしやすくシンプルで可読性の高いコードになります[注6]。

```
>>> def check_blank(page):  # 関数で問題ない
...     return bool(page.content)
...
>>> check_blank(page)
False
```

6.4 クラスの継承

　Pythonでは、クラスを定義する際にクラス名のあとに(基底クラス名)を付けると、その基底クラスの性質を継承したサブクラスを定義できます。これをクラスの継承と言います。サブクラスでは、基底クラスの持つメソッドをそのまま利用しつつ、新しいメソッドや変数を追加できます。また、必要に応じて基底クラスの持つメソッドを上書きできます。

注6　1.3節で紹介したThe Zen of Pythonにも「Flat is better than nested.」と書かれています。

メソッドのオーバーライドとsuper()による基底クラスへのアクセス

基底クラスが持つメソッドと同名のメソッドを定義すると、そのメソッドを上書きできます。これをメソッドのオーバーライドと言います。オーバーライドしたメソッドでは、基底クラスのメソッドが自動で呼ばれることはありません。そのため、基底クラスのメソッドを利用したいときは、明示的に呼び出す必要があります。

基底クラスのメソッドを呼び出すときは、組み込み関数super()を利用します。なお、組み込み関数super()で返されるオブジェクトは適切な基底クラスへ処理を委譲するためのプロキシオブジェクトであり、クラスオブジェクトそのものではありません。

```
>>> class Page:
...     def __init__(self, num, content):
...         self.num = num
...         self.content = content
...     def output(self):
...         return f'{self.content}'
...

# メソッドのオーバーライド
>>> class TitlePage(Page):
...     def output(self):
...         # 基底クラスのメソッドは自動では呼ばれないため
...         # 明示的に呼び出す
...         title = super().output()
...         return title.upper()
...
>>> title = TitlePage(0, 'Python Practice Book')
>>> title.output()
'PYTHON PRACTICE BOOK'
```

すべてのオブジェクトはobjectクラスのサブクラス

Pythonでは、組み込み型を含めたすべてのクラスの基底クラスとしてobjectクラスがあります[注7]。つまり、すべてのオブジェクトはobjectクラスのサブクラスであり、組み込み型も自分が定義したクラスもまったく同じ様にサブクラ

注7　objectクラスはPython 2.2で導入されました。そのため、Python 2系でobjectクラスを継承したクラスを定義するには、後方互換性のために基底クラスにobjectクラスを明示的に指定する必要がありました。Python 3系では、基底クラスを省略すると自動的にobjectクラスを継承します。

スを定義できます。

```
>>> class Length(float):  # 組み込み型のサブクラスを作成
...     def to_cm(self):
...         return super().__str__() + 'cm'
...
>>> pencil_length = Length(16)
>>> print(pencil_length.to_cm())
16.0cm
```

多重継承 —— 複数の基底クラスを指定する

Pythonのクラス機構は多重継承をサポートしています。多重継承とは、基底クラスに複数のクラスを指定することです。クラスを定義する際に、基底クラスをカンマ(,)区切りで複数並べると、多重継承になります。

多重継承の利用が効果的な例の1つに、Mixinと呼ばれる利用方法があります。Mixinとは、もとのクラス階層とは直接的には関連しない処理を機能単位でまとめたものです。

Mixinの例として、HTML形式でのページ出力機能を提供するHTMLPageMixinクラスを紹介します。

```
>>> class HTMLPageMixin:
...     def to_html(self):
...         return f'<html><body>{self.output()}</body></html>'
...
```

このHTMLPageMixinクラスが事前に定義されていると、HTML形式でのページ出力機能が欲しいクラスは、このクラスを継承するだけでその機能を簡単に追加できます。

```
# 多重継承を使ったMixinの利用
>>> class WebPage(Page, HTMLPageMixin):
...     pass
...
>>> page = WebPage(0, 'web content')
>>> page.to_html()
'<html><body>web content</body></html>'
```

もちろんMixinではなく、Pageクラスのサブクラスでメソッドto_html()を定義しても同じ処理は実現可能です。しかし、Mixinを使った場合は、Pageクラスの責任範囲をページの内容に関わる部分に限定でき、そのページをどのように扱うかというロジックをPageクラスから分離して管理できるメリットがあります。

●**多重継承の注意点**

多重継承は便利な機能ですが注意点もあります。

たとえば、**図6.1**に示すひし形の継承関係があり、それぞれのクラスに同じ名前のメソッドがある場合を考えます。この図の構造をコードで表現すると、次のようになります。

```
>>> class A:
...     def hello(self):
...         print('Hello')
...
>>> class B(A):
...     def hello(self):
...         print('Hola')
...         super().hello()  # 基底クラスのメソッドを実行
...
>>> class C(A):
...     def hello(self):
...         print('ニーハオ')
...         super().hello()  # 基底クラスのメソッドを実行
...
>>> class D(B, C):
...     def hello(self):
...         print('こんにちは')
...         super().hello()  # 基底クラスのメソッドを実行
...
```

さて、ここでDクラスのインスタンスdを作成し、インスタンスメソッドd.hello()を実行すると、その出力はどうなるでしょうか。実際に実行して結果を確認してみましょう。

```
>>> d = D()
>>> d.hello()
こんにちは  # クラスDのメソッド
Hola  # クラスBのメソッド
ニーハオ  # クラスCのメソッド
Hello  # クラスAのメソッド
```

想像していたとおりの結果になっていたでしょうか？

多重継承の機能を持つ言語では、複数の継承元が同じ名前のメソッドを持っている場合に生じる競合を解決しなければいけません。この問題は一般に、ひし形継承問題と呼ばれます。Pythonでは、この問題をメソッド解決順序(*Method Resolution Order*)と呼ばれる順番に従い解決します。

●属性 __mro__ を利用したメソッド解決順序の確認

メソッド解決順序はその名のとおりメソッドを検索するときの順番を表した
もので、クラスオブジェクトのタプルとして表現されます[注8]。ここではその順序
を決めるアルゴリズムの詳細までは触れませんが、詳細を知りたい方は「The
Python 2.3 Method Resolution Order」[注9]を参照してください。

メソッド解決順序はクラスオブジェクトの属性 __mro__ で確認でき、Python
はこの属性 __mro__ に格納されているタプルの先頭から順にメソッドの検索を
行います。たとえば、先ほどの D クラスの属性 __mro__ を確認してみると、次の
ようになります。

```
>>> D.__mro__ # メソッド解決順序を確認
(<class '__main__.D'>, <class '__main__.B'>, <class '__main__.C'>, <class '
__main__.A'>, <class 'object'>)
```

ここで、もう一度インスタンスメソッド d.hello() の実行結果を見てみまし
ょう。D.__mro__ の順番と見比べると、その順番は一致しています。多重継承
を利用しているときに望む挙動になっていない場合は、そのクラスの属性 __
mro__ を確認してください。

注8 名前はメソッド解決順序ですが、Pythonではメソッド以外の属性の検索でも利用されます。
注9 https://www.python.org/download/releases/2.3/mro/

図6.1 ひし形継承問題が潜む多重継承

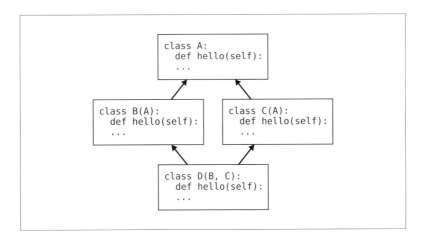

```
>>> d.hello()
こんにちは   # クラスDのメソッド
Hola  # クラスBのメソッド
ニーハオ  # クラスCのメソッド
Hello  # クラスAのメソッド
```

　クラスの階層構造が深くなったり複雑になると、コードの保守性が下がります。そのため、むやみな継承は避け、クラスの階層構造はできるだけシンプルに保つとよいでしょう。

6.5
本章のまとめ

　本章では、クラスとインスタンスの使い方を紹介しました。

　Pythonのクラス機構は、構文もそのしくみも比較的シンプルです。中でも、クラスやインスタンスが持つメソッドのベースは前章で紹介した関数です。Pythonは、簡単な処理であれば関数だけでも対応できます。しかし、規模が大きくなるとクラスやインスタンスの利用は避けては通れません。より多くの課題を解決していくためにもクラスやインスタンス、そしてメソッドに関する理解を深めてください。

第**7**章

モジュールとパッケージ、
名前空間とスコープ

　Pythonのコードを書いたファイルはモジュールと呼ばれ、再利用性や保守性、可搬性を高めるために利用されます。また、複数のモジュールを整理、集約してパッケージにすると、その利便性はより向上します。

　本章では、モジュールやパッケージの作り方、そしてそれらを使うために必要なインポートのしくみについて説明します。また、インポートの際には名前空間と変数のスコープについても理解が必要なため、それらも合わせて説明します。

7.1
モジュール —— コードを記述した.pyファイル

　ソースコードをファイルに書き出し、繰り返し実行できるようにしたものを一般にスクリプトと呼びます。また、Pythonでは、対話モードやスクリプトの実行中に別のファイルで定義されたクラスや関数を読み込んで利用できます。このようなPythonのクラスや関数の定義が書かれたファイルはモジュールと呼ばれ、.pyという拡張子で作成されます。関連する処理ごとにモジュールを作成すると、プログラムの再利用性や保守性を高めたり、自分が書いたプログラムをほかの人と共有できます。

　なお、Pythonではスクリプトとモジュールの間には明確な違いはありません。本書では、主な用途としてpython3コマンドで直接実行するものをスクリプトと呼び、Pythonのコード中で読み込んで利用するものをモジュールと呼ぶこととします。しかし、モジュールをpython3コマンドで実行したり、スクリプトをモジュールとして読み込むこともできます。これらのしくみについては、本章で順を追って説明していきます。

モジュールの作成

　さっそくですが、実際にモジュールを作成してみましょう。次の内容でencoder.pyを作成してください。このモジュールでは、受け取った文字列をBase64形式でバイナリデータに変換するstr_to_base64()関数を定義しています[注1]。

注1　Base64は「RFC 3548 - The Base16, Base32, and Base64 Data Encodings」で定義されているエンコード方式です。画像ファイルなどのバイナリデータもエンコードでき、エンコード結果を英数字といくつかの記号のみで構成された文字列で扱えます。https://tools.ietf.org/html/rfc3548.html

```
encoder.py
import base64


def str_to_base64(x):
    """文字列をbase64表現に変換する

    b64encode()はbytes-like objectを引数にとるため
    文字列はencode()でbytes型にして渡す
    """
    return base64.b64encode(x.encode('utf-8'))
```

　シンプルな内容ですが、encoderモジュールを作成できました。このモジュールでは、次に説明するimport文を使って標準ライブラリのbase64モジュールをインポートし、利用しています。

モジュールのインポート

　モジュールを利用するには、そのモジュールを読み込む必要があります。これをモジュールのインポートと呼び、import文を用いて行います。

　それでは、encoder.pyのある場所で対話モードを起動し、encoderモジュールをインポートしてみましょう。モジュールが正しくインポートされると、そのモジュール名を介してモジュール内のトップレベルで定義されているオブジェクトにアクセスできます。

```
>>> import encoder  # モジュールのインポート

# 変数encoderはmoduleクラスのインスタンス
>>> type(encoder)
<class 'module'>

# encoderモジュールのトップレベルのオブジェクトが確認できる
>>> dir(encoder)
['__builtins__', ... '__name__', '__package__', '__spec__', 'base64', 'str_
to_base64']
```

　上記の結果から、モジュールオブジェクトはmoduleクラスのインスタンスであること、モジュールトップレベルのオブジェクトを属性として持っていることがわかります。つまり、encoder.pyに記述したstr_to_base64()関数は次のように実行できます。

```
# モジュール内で定義された関数の呼び出し
>>> encoder.str_to_base64('python')
b'cHl0aG9u'  # 頭のbはbytes型を意味する
```

python3コマンドから直接実行する

作成したモジュールを対話モードから利用できましたが、毎回対話モードを起動してimport文とstr_to_base64()関数を実行するのは面倒です。そこで、encoder.pyをpython3コマンドでスクリプトとして直接実行できるようにしましょう。encoder.pyを次の内容に編集してください。

```
encoder.py
import base64


def str_to_base64(x):
    """文字列をbase64表現に変換する

    b64encode()はbytes-like objectを引数にとるため
    文字列はencode()でbytes型にして渡す
    """
    return base64.b64encode(x.encode('utf-8'))


print(str_to_base64('python'))
```

これで、python3コマンドから実行できるようになりました。実際に動かしてみましょう。

```
$ python3 encoder.py
b'cHl0aG9u'
```

先ほどと同じ結果を確認できました。

しかし、このままでは変換したい文字列が変わるたびにモジュールの中身を書き換える必要があり不便です。そこで、変換対象の文字列をコマンドライン引数で受け取りましょう。

●引数を取得する

python3コマンドの引数で、変換対象の文字列を受け取ります。encoder.pyを次の内容に編集してください。

```
encoder.py
import base64
import sys


def str_to_base64(x):
    """文字列をbase64表現に変換する

    b64encode()はbytes-like objectを引数にとるため
    文字列はencode()でbytes型にして渡す
    """
    return base64.b64encode(x.encode('utf-8'))


target = sys.argv[1]
print(str_to_base64(target))
```

引数を取得しているのは、target = sys.argv[1] の行です。標準ライブラリのsysモジュールの変数argvには、python3コマンドの引数がリストで格納されています。このリストの先頭はpython3コマンドに渡したファイル名です。たとえば、python3 encoder.py book を実行したとすると sys.argv には ['encoder.py', 'book'] が格納されます。

それでは、実際に実行してみましょう。最後の引数で渡す文字列を変えると、出力結果が変わることも確認してください。

```
$ python3 encoder.py python
b'cHl0aG9u'
$ python3 encoder.py book
b'Ym9vaw=='
```

文字列pythonを渡すと先ほどと同じ結果が出力され、別の文字列bookでは結果が異なることも確認できました。スクリプトとしては問題なさそうです。

ここで、もう一度対話モードからモジュールとして利用してみましょう。

```
>>> import encoder
Traceback (most recent call last):
  File "<stdin>", line 1, in <module>
  File "/Users/.../encoder.py", line 9, in <module>
    target = sys.argv[1]
IndexError: list index out of range
```

　import文を実行しただけでエラーとなりました。エラーの内容を確認すると、エラーが発生した箇所はtarget = sys.argv[1]のようです。この行は、引数から変換対象の文字列を取得する処理をしています。しかしよく考えると、モジュールとして利用するときには引数は渡されません。そこで、encoder.pyをモジュールとして利用するときには、この引数を扱う処理が実行されないようにしましょう。

● **直接実行したときのみ動くコード**

　スクリプトとして直接実行されたときのみ、コマンドライン引数から変換対象の文字列を取得する処理が実行されるようにします。encoder.pyを、次の内容に編集してください。

```
encoder.py
import base64
import sys


def str_to_base64(x):
    """文字列をbase64表現に変換する

    b64encode()はbytes-like objectを引数にとるため
    文字列はencode()でbytes型にして渡す
    """
    return base64.b64encode(x.encode('utf-8'))


def main():
    target = sys.argv[1]
    print(str_to_base64(target))


if __name__ == '__main__':
    main()
```

　encoder.pyはこれで完成です。コードの解説の前に実際に動かしてみましょう。まずは、スクリプトとして直接実行してみます。

```
$ python3 encoder.py python
b'cHl0aG9u'
```

先ほどまでと同じ結果になりました。続いて、対話モードでモジュールとして利用できることも確認します。

```
>>> import encoder
>>> encoder.str_to_base64('python')
b'cHl0aG9u'
```

今回はモジュールとして利用してもうまく動いたようです。それでは、ここで変更した内容について、詳しく見ていきます。

● if __name__ == '__main__':ブロックの意味

if __name__ == '__main__':の行が、モジュールをスクリプトとして利用したい場合に記述するPythonのイディオムです。Pythonではモジュールをインポートしたり、スクリプトとしてpython3コマンドに渡したときには、そのファイルのトップレベルのコードが上から順に実行されます。つまり、python3 encoder.py bookを実行すると次のようになります。

❶ base64モジュールをインポートする

❷ sysモジュールをインポートする

❸ str_to_base64()関数が定義される

❹ main()関数が定義される

❺ if文の条件式 __name__ == '__main__' が評価され、真となる

❻ main()関数を呼び出す

❼ 引数から変換対象の文字列を取得する

❽ 変換対象の文字列を渡して str_to_base64()関数を実行した結果を出力する

ここで注目すべきは、__name__ == '__main__'の評価結果が真となっている点です。この式の結果はPythonが暗黙的に定義している変数__name__により決まります。つまり、あるモジュールがpython3コマンドに渡されたとき、そのモジュール内の変数__name__の値は文字列__main__になっています。

● 変数__name__に格納される値

それでは、対話モードやほかのモジュールからインポートされているときには変数__name__の値はどうなるでしょうか。対話モードを起動し、実際に確認してみましょう。

```
# 対話モードでも定義されていて、値は__main__
>>> __name__
'__main__'

# インポートしたモジュールでは、値はモジュール名になる
>>> import encoder
>>> encoder.__name__
'encoder'
```

　対話モードのグローバル変数__name__は__main__に、インポートされたモジュールの持つ属性__name__はそのモジュールの名前となりました。まとめると、変数__name__とその値の関係は**表7.1**になります。

　Pythonでは、このしくみを使うことで、1つのファイルをモジュールとしても実行可能なスクリプトとしても利用できます。また、このことからpython3コマンドから直接実行されたスクリプトは、mainモジュールとも呼ばれます。

7.2
パッケージ —— モジュールの集合

　モジュールは、プロジェクトの規模拡大に伴い、自然とその数が増えていきます。モジュールの数が増えるにつれ、モジュールを適切に管理する必要が出てきます。そこで、Pythonには複数のモジュールをまとめる機能が用意されています。この機能をパッケージと呼びます。

　パッケージの実体は、モジュールやサブパッケージを集めたディレクトリです。通常はパッケージの目印として、__init__.pyを配置します[注2]。__init__.pyは空ファイルで問題ありません。関連するモジュールどうしを集めて適切に

注2　ここで「通常は」と書いたのは、__init__.pyのないパッケージも作れるためです。ただし、__init__.pyのないパッケージは名前空間パッケージと呼ばれる特殊なパッケージになるため、通常は__init__.pyを用意してください。

表7.1　変数__name__の種類とその値

変数__name__の種類	変数__name__に格納される文字列
対話モードのグローバル変数__name__	__main__
スクリプトとして実行された際の__name__	__main__
モジュールとしてインポートされた際の__name__	モジュール名

パッケージを作ると、プロジェクトの規模が大きくなっても保守性を保てます。

なお、パッケージとモジュールはプログラム上ではほとんど違いがないため、パッケージも含めてモジュールと呼ぶこともあります。

パッケージの作成

それではパッケージを作成してみましょう。ここでは先ほど作成した encoder.py と対になる decoder.py を用意し、b64 パッケージとして利用できるようにします。

パッケージを作るためには、まずディレクトリが必要です。ディレクトリ b64/ を作成し、パッケージの目印である __init__.py を作成しましょう。

```
$ mkdir b64

# 空の__init__.pyを作成
# Windowsの場合は type nul > b64/__init__.py
$ touch b64/__init__.py
```

まだ __init__.py しかありませんが、実はこれだけでもパッケージとしてインポートできます。試しにインポートしてみましょう。モジュールのインポートと同様に import 文を使います。パッケージオブジェクトはモジュールオブジェクトとほぼ同じですが、属性 __path__ を持つ点が異なります。

```
>>> import b64  # パッケージのインポート
>>> type(b64)
<class 'module'>

# dir(encoder)の結果にはなかった__path__が確認できる
>>> dir(b64)
['__builtins__', ... '__package__', '__path__', '__spec__']

# 結果は実行環境により異なる
>>> b64.__path__
['/Users/rhoboro/workspace/b64']
```

このパッケージには、まだ空の __init__.py しかないため何もできません。先ほど作成した encoder.py を b64/ ディレクトリに移動し、パッケージに含めましょう。

```
$ mv encoder.py b64
```

また、encoder.py と対になる decoder.py も追加します。b64/ ディレクトリの
中に decoder.py を下記の内容で作成してください。この decoder.py では、受け
取った Base64 形式のバイナリデータを文字列に変換する base64_to_str() 関数
を定義しています。

```
b64/decoder.py
import base64


def base64_to_str(x):
    """base64表現を文字列に変換する

    b64decode()の戻り値はbytes型であるため
    decode()で文字列にしてから返す
    """
    return base64.b64decode(x).decode('utf-8')
```

これで b64 パッケージが作成できました。

パッケージ内のモジュールのインポート

作成した b64 パッケージを、さっそく利用してみましょう。先ほどのように
import b64 でもインポートできますが、from b64 import encoder とすると、パ
ッケージの中にある特定のモジュールや属性を直接インポートできます。また、
同じパッケージ内の複数のモジュールをインポートしたいときは、カンマ(,)区
切りで並べます。それでは、b64 パッケージ内の encoder モジュールと decoder
モジュールをインポートし、利用してみましょう。

```
>>> from b64 import encoder, decoder

# 文字列のbase64形式表現
>>> encoder.str_to_base64('python')
b'cHl0aG9u'

# base64形式表現のもとの文字列
# 引数はbytes型なので頭にbを付ける
>>> decoder.base64_to_str(b'cHl0aG9u')
'python'
```

b64 パッケージから encoder モジュールと decoder モジュールがインポートで
き、それぞれの中で定義した関数を呼び出せることを確認できました。

● __init__.py —— パッケージの初期化を行う

__init__.pyには、パッケージの目印以外に、もう一つ重要な機能があります。それは、パッケージの初期化です。__init__.pyに書いたコードは、パッケージがインポートされると一番初めに実行されます。これを確認してみましょう。次の1行を__init__.pyに追加してください。

```
b64/__init__.py
print(f'init: {__name__}')
```

この状態で、先ほどと同様にパッケージをインポートしましょう。もし先ほどから対話モードを起動したままの場合は、対話モードを再起動してからインポートしてください。Pythonのインポートシステムは、すでにインポートされているモジュールの再読み込みは行いません[注3]。

import文を実行すると、__init__.pyに追加した行が実行されることがわかります。

```
>>> from b64 import encoder, decoder
init: b64  # b64/__init__.pyが実行された
```

● __init__.pyの便利な使い方

__init__.pyをもう少し活用してみましょう。

たとえば、b64パッケージをライブラリとして公開する場合を考えます。このとき、次のようにパッケージ名.属性名で参照できるAPIを用意すると使いやすさが向上しそうです。

```
>>> import b64
>>> b64.str_to_base64('ham')  # 今はエラー
>>> b64.base64_to_str(b'aGFt')  # 今はエラー
```

これは、__init__.pyのトップレベルでstr_to_base64()やbase64_to_str()を使えるようにすると実現できます。

まず、__init__.pyが空の状態のときにどうなっているかを確認しましょう。__init__.pyをもう一度空にし、対話モードを再起動してからb64パッケージをインポートしてください。この状態でb64の属性一覧を確認すると、次のようになっています。str_to_base64やbase64_to_strといった属性はまだありません。

注3　もしコードで明示的に再読み込みをする場合は、標準ライブラリにあるimportlib.reload()を利用します。

```
>>> import b64
>>> dir(b64)   # str_to_base64とbase64_to_strはまだない
['__builtins__', ... '__name__', '__package__', '__path__', '__spec__']
```

ここで、__init__.pyを次のように変更します。

b64/__init__.py
```
from .encoder import str_to_base64
from .decoder import base64_to_str
```

ここでは、後述する相対インポートを利用してencoderモジュールの属性str_to_base64とdecoderモジュールの属性base64_to_strをインポートしています。もう一度対話モードを立ち上げてから、再度b64パッケージをインポートして属性一覧を確認してみましょう。今度はb64の属性一覧の中に、str_to_base64とbase64_to_strが確認できます。

```
>>> import b64

# str_to_base64とbase64_to_strが確認できる
>>> dir(b64)
['__builtins__', ... 'base64_to_str', 'decoder', 'encoder', 'str_to_base64']
```

実際にb64.str_to_base64()のように関数を呼び出すと、意図したとおりに動いてくれます。このように、__init__.pyのトップレベルにある属性は、パッケージ名.属性名で参照できます。

```
# b64の属性として参照
>>> b64.str_to_base64('python')
b'cHl0aG9u'
>>> b64.base64_to_str(b'cHl0aG9u')
'python'
```

import文の比較

ここまで何度か出てきたimport文には、いくつかのバリエーションがありました。ここでは、先ほど作成したb64パッケージを使い、それぞれのimport文の使い方を説明します。

●import文のみを利用したインポート
まずは、一番シンプルなimport文のみを利用したインポートです。b64パッケージのあるディレクトリで、次のコードを実行してください。パッケージの

場合は__init__.pyが、単一のモジュールではそのモジュールが読み込まれます。読み込んだモジュールを通じて、そのモジュールのトップレベルのオブジェクトを参照できます。

```
# パッケージ（モジュール）のインポート
>>> import b64

# トップレベルのオブジェクトを参照
>>> b64.str_to_base64('python')
b'cHl0aG9u'
```

● from節を利用して特定の属性をインポートする

from節を利用すると、パッケージやモジュールから特定の属性だけを直接インポートできます。直接インポートした属性には、接頭辞を付けずに参照できます。

それでは、b64パッケージからstr_to_base64()関数を直接インポートしてみましょう。次のようにインポートすると、先ほどと違いb64.を付けずに関数を実行できます。

```
# モジュールの属性を直接インポート
>>> from b64 import str_to_base64
>>> str_to_base64('python')
b'cHl0aG9u'
```

複数の属性を同時にインポートしたいときは、インポートしたい属性をカンマ(,)区切りで並べます。また、数が多いときは()を囲って改行するとよいでしょう。次の例では、どちらのimport文も同じ挙動となります。

```
# 複数属性の同時インポート
>>> from b64 import str_to_base64, base64_to_str

# 上記と同じ
>>> from b64 import (
...     str_to_base64,
...     base64_to_str,
... )
```

from節は、パッケージ内のモジュールをインポートする場合にも利用できます。b64パッケージのencoderモジュールをインポートしてみます。モジュールのインポートができると、これまでと同様にモジュール内の属性にアクセスできます。

```
# パッケージ内部のモジュールをインポート
>>> from b64 import encoder
>>> encoder.str_to_base64('python')
b'cHl0aG9u'
```

from 節では、ドット (.) で区切りながらサブパッケージやモジュールを指定
できます[注4]。ここでは、b64 パッケージ内にある encoder モジュールの str_to_
base64() 関数を直接インポートしています。

```
# 属性を再帰的に指定してインポート
>>> from b64.encoder import str_to_base64
>>> str_to_base64('python')
b'cHl0aG9u'
```

● . を利用した相対インポート

UNIX の cd コマンドや cp コマンドのように、ドット (.) を使うと位置関係を指定
してモジュールをインポートできます。from 節で . を1つだけ書くと現在のパッ
ケージを、.. と2つ書くと現在のパッケージの1つ上のパッケージを意味します。

b64 パッケージの __init__.py では、すでに相対インポートを使っていまし
た。この __init__.py では、__init__.py と encoder.py、decoder.py が同じディ
レクトリにあるため、問題なく動きます。

b64/__init__.py
```
from .encoder import str_to_base64
from .decoder import base64_to_str
```

相対インポートには、上位の階層にあるパッケージ名の変更に強くなるメリ
ットがあります。たとえば、b64/ というディレクトリ名を変更しても、__init__.
py の from .encoder import str_to_base64 の行を変更する必要はありません。

● ワイルドカードを利用して複数の属性を一括インポートする

モジュール内の複数の属性を一括でインポートしたい場合は、ワイルドカー
ド (*) を使った import * が使えます。from b64.encoder import * とすると、
encoder モジュール内で定義されているすべての名前が定義されます[注5]。

注4　ドット (.) 区切りでサブパッケージやモジュールを指定する方法は、from 節のない import 文でも
　　　import b64.encoder.str_to_base64 のように利用できます。この場合は、呼び出すときにも b64.
　　　encoder.str_to_base64('Python') のように完全な名前で指定する必要があります。
注5　6.2 節で紹介したように、_ や __ で始まる名前は内部 API にしたい属性に付けるものです。したが
　　　って、ワイルドカードを使った import 文では読み込まれません。

```
>>> dir()  # インポート前の状態
['__annotations__', ... '__package__', '__spec__']
>>> from b64.decoder import *
>>> dir()  # base64_to_str以外にbase64も含まれる
['__annotations__', ... '__package__', '__spec__', 'base64', 'base64_to_str']
```

　もし、作成したパッケージやモジュールを公開する場合は、モジュールのトッ
プレベルに属性__all__を用意し、公開したい属性名のみのシーケンスを作りま
す。import文でワイルドカードが利用された際に属性__all__が定義されている
と、Pythonはその中に含まれている名前だけをインポートします。それでは、
decoder.pyの末尾に属性__all__を定義し、実際に動きを確認してみましょう。

b64/decoder.py
```
__all__ = ['base64_to_str']
```

　この状態で、先ほどと同じようにインポートするとdecoderモジュールから
は属性base64_to_strだけがインポートされます。

```
# __all__で指定した名前を一括インポート
>>> from b64.decoder import *
>>> dir()
['__annotations__', ... '__package__', '__spec__', 'base64_to_str']
```

　ワイルドカードを利用したインポートは可読性が低下したり、意図せぬ名前
の上書きによって不具合が生じたりする可能性があります。そのため、ライブ
ラリやフレームワークを開発しているとき以外では、できるだけ利用しないほ
うがよいでしょう。

　もしライブラリを作成している場合は、サブモジュールで定義した名前を公
開するために利用すると便利です。まず、encoder.pyにも末尾にモジュールの
属性__all__を追加しましょう。

b64/encoder.py
```
__all__ = ['str_to_base64']
```

　続いて、__init__.pyでそれらをインポートします。

b64/__init__.py
```
from .encoder import *
from .decoder import *
```

このようにすると、意図した名前だけを簡単に公開でき、サブモジュールの
更新時も __init__.py の更新は不要となります。次の例では、実際に指定した
名前だけがインポートされ、そのほかのサブモジュール内の名前はインポート
されていないことが確認できます。

```
>>> import b64
>>> dir(b64)
['__builtins__', ... 'base64_to_str', 'decoder', 'encoder', 'str_to_base64']
```

● as節による別名の付与

import文の最後に as節を付けると、インポートしたオブジェクトに別名を付
けられます。インポートしたいオブジェクトと同じ名前の変数がすでに存在する
場合に、別名を付けてインポートすると既存の変数を上書きすることを防げます。

たとえば、標準ライブラリにある gzip モジュールの open() 関数をインポート
する際、次のようにインポートしてしまうと組み込み関数 open() を上書きして
しまいます。

```
>>> open  # 組み込み関数のopen
<built-in function open>
>>> from gzip import open  # gzipのopenをインポート
>>> open  # open()はgzip.open()になっている
<function open at 0x10587bf28>
```

これは次のように as節を使うと解決できます。この例では、gzip モジュール
の open() 関数に別名 gzip_open を付けてインポートしています。この例は、対
話モードを再起動してから実行してください。

```
>>> open  # 組み込み関数のopen
<built-in function open>

# gzipのopenをgzip_openとしてインポート
>>> from gzip import open as gzip_open
>>> gzip_open  # gzipのopen
<function open at 0x10bbc2f28>
>>> open  # 組み込み関数のopenは引き続き利用できる
<built-in function open>
```

7.3 インポートのしくみ

　import文が実行されると、Pythonは複数のパスを順番に検索しながら、目的のパッケージやモジュールを探し出します。たとえば、対話モードを起動してimport base64を実行すると、通常は標準ライブラリのbase64モジュールがインポートされます。しかし、カレントディレクトリにbase64.pyが存在する場合は、カレントディレクトリにあるbase64モジュール（base64.py）がインポートされるため、標準ライブラリのbase64モジュールはインポートされません。ここでは、このようなインポートのしくみとモジュールが検索されるパスについて説明します。

　なお、本節では実行するOSにより出力結果が異なります。そのため、ここでは2.1節で紹介したdockerコマンドを用いて実行した結果を記載しています。OSにインストールしたPythonで実行する場合はpython3コマンド以降をそのまま実行し、結果を読み替えながら進めてください。

モジュール検索の流れ

　import文が実行されると、Pythonはまずビルトインモジュール内に目的のモジュールがあるかどうかを確認します。ビルトインモジュールとは、Pythonに組み込まれている一部の標準ライブラリのことです。一例を挙げると、sysモジュールやtypesモジュールなどが該当します。ただし、通常はインポートしたい標準ライブラリがビルトインモジュールかどうかを意識することはほとんどないでしょう。

　目的のモジュールがビルトインモジュールの中に見つからない場合は、sysモジュールの属性sys.pathが確認されます。この属性sys.pathは、Pythonがモジュールを検索するパスのリストです。先頭から順番に検索され、最後まで該当する名前のモジュールが見つからない場合は、例外ModuleNotFoundErrorが送出されます。

sys.path —— モジュールの検索パス

　モジュールの検索パスのリストが格納されている変数sys.pathの中身を見て

いきましょう。対話モードでは、変数sys.pathの値は次のように先頭に空文字が入ったリストとなります。先頭が空文字の場合はまずカレントディレクトリが検索され、その後リストの順に沿って検索が始まります。

```
$ docker run -it --rm python:3.8.1 python3
>>> import sys
>>> sys.path  # 先頭は空文字
['', '/usr/local/lib/python38.zip', '/usr/local/lib/python3.8', '/usr/local/ ⏎
lib/python3.8/lib-dynload', '/usr/local/lib/python3.8/site-packages']
```

続いて、スクリプトとして実行されたときの変数sys.pathの中身も確認します。次の内容でsyspath.pyを用意してください。

`syspath.py`
```
import sys
print(sys.path)
```

それでは、このスクリプトを次のように実行してみましょう。

```
$ docker run -it --rm -v $(pwd):/usr/src/app -w /usr/src/app python:3.8.1
python3 syspath.py 実際は1行
['/usr/src/app', '/usr/local/lib/python38.zip', '/usr/local/lib/python3.8',
'/usr/local/lib/python3.8/lib-dynload', '/usr/local/lib/python3.8/site-pack
ages']
```

スクリプトファイルのあるディレクトリが、変数sys.pathの先頭に入っています。つまり、スクリプトファイルと同じディレクトリが一番初めに検索され、その後対話モードと同様にリストの順に沿って検索が行われます。

● **検索パスの優先度**

ここで、モジュール検索パスの優先度を確認するための実験をしてみましょう。次の内容でsys.pyを作成してください。

`sys.py`
```
print('imported my sys.py')
```

同様にbase64.pyも用意します。

`base64.py`
```
print('imported my base64.py')
```

これらは、どちらも標準ライブラリに同名のモジュールが定義されています。

ただし、標準ライブラリのsysモジュールは前述したとおりビルトインモジュールですが、同じく標準ライブラリのbase64モジュールはビルトインモジュールではありません。この違いを確認するために、対話モードを起動して、それぞれのモジュールをインポートしてみましょう。

```
$ docker run -it --rm -v $(pwd):/usr/src/app -w /usr/src/app python:3.8.1 py
thon3 実際は1行

# ビルトインのsysモジュールがインポートされる
>>> import sys

# ユーザー定義のbase64モジュールがインポートされる
>>> import base64
imported my base64.py
```

ビルトインモジュールであるsysモジュールは、標準ライブラリのsysモジュールがインポートされています。一方、base64モジュールはカレントディレクトリに作成した自作のbase64モジュールがインポートされました。これらのことから、Pythonは次の順で検索することがわかりました。

❶ビルトインモジュール
❷カレントディレクトリのモジュール
❸ビルトインモジュール以外の標準ライブラリ

優先度の確認ができたら、ここで作成したsys.pyとbase64.pyは必ず削除してください。標準ライブラリは、非常に多くの場所で利用されており、Pythonの一部と言えるものです。「不具合の原因を調べたところ、実は標準ライブラリと同じ名前の自作モジュールがインポートされていた」という失敗談はそれほど珍しいものではありません。

PYTHONPATH —— sys.pathに検索パスを追加する

変数sys.pathの実体はリストオブジェクトです。リストは可変なオブジェクトであるため、変数sys.pathを直接編集してモジュールの検索パスを自由に変更できます。

また、変数sys.pathを編集するための別の方法として、環境変数PYTHONPATHが用意されています。環境変数PYTHONPATHに検索パスに追加したいディレクトリを指定しておくと、Pythonの起動時にそれらのディレクトリが変数sys.path

に自動で追加されます。ディレクトリの指定方法は環境変数PATHと同じで、コロン(:)区切りでディレクトリのパスを並べます。

それでは、先ほどのsyspath.pyを使って、環境変数PYTHONPATHの動作を確認してみましょう。

```
# オプションでカレントディレクトリとPYTHONPATHを指定して実行
$ docker run -it --rm -v $(pwd):/usr/src/app -w /usr/src/app -e PYTHONPATH=
/usr/bin:/bin python:3.8.1 python3 syspath.py  実際は1行
['/usr/src/app', '/usr/bin', '/bin', '/usr/local/lib/python38.zip', '/usr/loca
l/lib/python3.8', '/usr/local/lib/python3.8/lib-dynload', '/usr/local/lib/pyth
on3.8/site-packages']
```

出力結果を見ると、カレントディレクトリの後ろに環境変数PYTHONPATHで追加したパスが追加されています。この結果から、環境変数PYTHONPATHが変数sys.pathに影響を与えていることがわかります。また、実行したスクリプトのあるディレクトリは環境変数PYTHONPATHの内容よりも優先されることと、複数のディレクトリを指定したときは指定した順に追加されることも確認できました。

7.4
名前空間と変数のスコープ

Pythonでは、名前空間(namespace)という用語がよく使われます。1.3節で紹介した「PEP 20 – The Zen of Python」[注6]でも「Namespaces are one honking great idea – let's do more of those!」と述べられています[注7]。ここでは、この名前空間について説明します。また、名前空間と関連が深い変数のスコープについても説明します。

名前空間 —— 名前とオブジェクトのマッピング

Pythonでは、名前からオブジェクトへのマッピングを名前空間と呼びます[注8]。

注6　https://www.python.org/dev/peps/pep-0020/

注7　atsuoishimoto氏の「The Zen of Python 解説 - 後編」では「ぶらぼーなアイディア名前空間、やっぱこれですね」という日本語訳が掲載されています。https://atsuoishimoto.hatenablog.com/entry/20100926/1285508015

注8　Pythonの名前空間は、現在は辞書で実装されています。https://docs.python.org/ja/3/tutorial/classes.html#python-scopes-and-namespaces

名前空間は、変数が格納される場所とも言えるでしょう。

　名前空間が違うと、同じ変数名でも別のオブジェクトを参照できます。たとえば、標準ライブラリの os モジュールと gzip モジュールには、同じ名前 open でそれぞれ別のオブジェクトが定義されています。これらを呼び出す際は、os.open() や gzip.open() のようにモジュール名から指定すると意図したオブジェクトを参照できます。

```
>>> import os
>>> os.open
<built-in function open>

# 同じopenでもgzip.openとos.openとは違うオブジェクト
>>> import gzip
>>> gzip.open
<function open at 0x10631b400>
```

　名前空間は、さまざまなタイミングで作成されます。たとえば、組み込みオブジェクトの名前空間は Python の起動時に作成され、モジュールごとのグローバルな名前空間はそのモジュールが最初に読み込まれたときに作成されます。また、関数のローカルな名前空間は関数の呼び出し時に作成され、関数を抜けるとその名前空間も削除されます。クラス定義もまたローカルな名前空間を作成し、クラス変数やメソッドはこの名前空間に紐付けられます。この名前空間は、作成されたクラスオブジェクトから参照されます。

● 名前空間の活用

　名前空間を活用して関連するオブジェクトどうしを集約したり、関連のないオブジェクトを分離すると保守性の高いプログラムになります。たとえば、gzip.open() と書かれていた場合、この関数 open() は gzip モジュールに関連する処理であることが一目でわかります。また、別の名前空間で定義されている名前を意識する必要がないため、gzip_open() などの冗長な名前を付ける必要もなく、シンプルな名前を利用できます。

スコープ —— 直接アクセス可能な領域

　ドット (.) を付けずに変数名だけを指定して呼び出すと、Python は直接アクセス可能な名前空間からその名前のオブジェクトを検索します。直接アクセス可能な名前空間は、そのコードが記述されている場所によって決まります。そ

して、どこに書いたコードがどの名前空間に直接アクセスできるかを決めるこのテキスト上の領域をスコープと呼びます注9。**図7.1**は、Pythonにおけるスコープの例を示しています。

スコープは、狭い順に次の4種類があります。ただし、ビルトインスコープはグローバルスコープよりもあとで検索されるため、図7.1では示されていません。

- ローカルスコープ
- エンクロージングスコープ
- グローバルスコープ
- ビルトインスコープ

名前の検索は、狭いスコープが参照している名前空間から順に行われ、最初に見つかったその名前が付いたオブジェクトが参照されます。もしその名前が最後まで見つからなかった場合は、例外NameErrorが送出されます。

新たな変数を用意すると、その変数はそのコードの記述位置の一番狭いスコープ内に定義されます。たとえば、関数内で変数を定義するとその関数のローカルスコープ内に定義され、モジュールのトップレベルで変数を定義するとそのモジュールのグローバルスコープ内に定義されます。

注9　スコープはテキスト上の領域ですので、コードを書いた段階で静的に決まります。

図7.1 scratchモジュールでのスコープの例

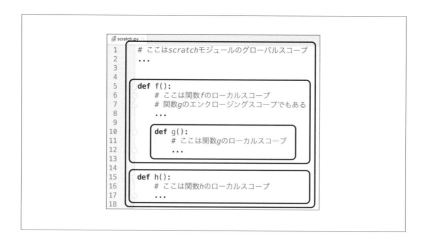

● **ローカルスコープ** —— 関数内に閉じたスコープ

ローカルスコープは、主に関数(メソッドも含む)を定義すると作成されます。関数内で定義された変数は、ローカル変数と呼ばれます。ローカル変数は、その関数のローカルスコープ内に定義されるため、その関数内でしか参照できません。スコープは関数ごとに分かれるため、違う関数で同名のローカル変数を定義しても別のオブジェクトとなります。

```
>>> def f():
...     value = 'f_function'
...     print(value)
...
>>> def g():
...     value = 'g_function'
...     print(value)
...

# 関数内ではvalueにアクセスできる
>>> f()
f_function

# 関数fで定義されたvalueと
# 関数gで定義されたvalueは別のオブジェクト
>>> g()
g_function

# 関数外からはvalueを参照できない
>>> print(value)
Traceback (most recent call last):
  File "<stdin>", line 1, in <module>
NameError: name 'value' is not defined
```

また、内包表記もローカルスコープを作成します。

```
# 変数valueは内包表記で作られるスコープのローカル変数
>>> [value for value in range(1)]
[0]

# 内包表記の外からはvalueを参照できない
>>> value
Traceback (most recent call last):
  File "<stdin>", line 1, in <module>
NameError: name 'value' is not defined
```

現在のローカルスコープ内で定義されているローカル変数の一覧は、組み込み関数locals()を使うと取得できます。なお、モジュールのトップレベルでは、組み込み関数locals()の結果はグローバルスコープと一致します。

```
>>> def f(x):
...     # 現在のローカルスコープの内容を表示
...     print(locals())
...     value = 'book'
...     # 変数valueの定義後ローカルスコープの内容を表示
...     print(locals())
...
>>> f('python')
{'x': 'python'}
{'x': 'python', 'value': 'book'}

# モジュールのトップレベルでは
# グローバルスコープと一致
>>> locals()
{'__name__': '__main__', '__doc__': None, ... 'g': <function g at 0x105dc37b8>}
```

● **グローバルスコープ** ── モジュールトップレベルのスコープ

Pythonにおけるグローバルスコープは、モジュールのトップレベルのスコープを指します。また、グローバル変数とは、このグローバルスコープで定義されている変数を指します。別モジュールで定義した値はスコープが違うため、明示的にインポートしない限りは参照できません。

関数やクラス、メソッドは必ずモジュールの内部で定義されます。そのため、同じモジュール内であれば常にそのモジュールのグローバル変数を参照できます。ただし、処理の中でグローバル変数と同名の変数への代入を行うと、それはローカルスコープ内の新たなオブジェクトになります。

```
>>> x = 'python'
>>> print(x)
python

# グローバル変数を参照
>>> def f():
...     print(x)
...
>>> f()
python
```

```
# グローバル変数の更新ではなくローカル変数の作成
>>> def g():
...     x = 'g_function'
...     print(x)
...
>>> g()
g_function
>>> print(x)
python  # グローバル変数の値はそのまま
```

　関数内でグローバル変数を参照したあとでは、その関数内で同名のローカル
変数を定義できません。この機能のおかげで、意図せずグローバル変数が上書
きされる心配はありません。

```
>>> x = 'python'
>>> def f():
...     # グローバル変数への参照
...     print(x)
...     # グローバル変数を先に参照すると
...     # 同名のローカル変数は定義できない
...     x = 'f_function'
...     print(x)
...
>>> f()
Traceback (most recent call last):
  File "<stdin>", line 1, in <module>
  File "<stdin>", line 2, in f
UnboundLocalError: local variable 'x' referenced before assignment
```

　もし、関数内からグローバル変数の値を書き換えたい場合は、その名前がグ
ローバル変数を指すことをglobal文で宣言する必要があります。

```
>>> x = 'python'
>>> def f():
...     global x  # グローバル変数であることを宣言
...     x = 'book'
...     print(x)
...
>>> f()
book
>>> print(x)  # グローバル変数の値が更新されている
book
```

ただし、グローバル変数がコンテナオブジェクトで、そのコンテナオブジェクトが保持する値を書き換えたい場合にはglobal文は不要です。これは、コンテナオブジェクトの代入時には、参照が先に行われ、そのあとに値の更新が行われるためです。次の例のx[0] = 2の行では、まずオブジェクトxが検索され、見つかればそのオブジェクトのインデックス0の値が更新されます。

```
>>> x = [0, 1]
>>> def f():
...    x[0] = 2
...
>>> x
[0, 1]
>>> f()
>>> x
[2, 1]
```

グローバル変数の書き換えは便利な機能ですが、どこで値が変更されたか追うことが難しくなります。コードの可読性や保守性を下げる原因にもなるため、利用する際には注意が必要です。

現在のグローバル変数の一覧は、組み込み関数globals()を使うと取得できます。

```
>>> globals()  # 現在のグローバルスコープの内容を表示
{'__name__': '__main__', '__doc__': None, ... 'f': <function f at 0x104e7d378>}
>>> def f():
...    print(globals())
...
>>> f()  # 関数内でも同じ結果を得られる
{'__name__': '__main__', '__doc__': None, ... 'f': <function f at 0x104e7d378>}
```

● **ビルトインスコープ** —— 組み込みオブジェクトのスコープ

ビルトインスコープは、一番最後に検索されるスコープです。組み込み関数やTrue、False、Noneなどの組み込みオブジェクトの名前空間を参照しています。このスコープにある組み込みオブジェクトは、builtinsモジュールで定義されています。グローバル変数__builtins__でこのモジュールオブジェクトへの参照を取得できるため、組み込みオブジェクトの一覧はdir(__builtins__)で確認できます。

```
>>> dir(__builtins__)
['ArithmeticError', 'AssertionError', ... 'type', 'vars', 'zip']
```

●**エンクロージングスコープ** —— 現在のローカルスコープの1つ外側のスコープ

　エンクロージングスコープは、ローカルスコープとグローバルスコープの中間にあるスコープです。入れ子になった関数における、1つ外側の関数のローカルスコープと一致します。

```
>>> def f():
...     x = 'x'
...     def g():
...         print(x)  # エンクロージングスコープ内の変数xを参照
...     g()
...
>>> f()
x
```

　入れ子になった関数内で外側のスコープの値を書き換えるには、その名前がローカル変数でないことをnonlocal文で宣言する必要があります。

```
>>> def f():
...     x = 'x'
...     def g():
...         nonlocal x  # xがローカル変数でないことを宣言
...         x = 1
...         print(x)
...     g()
...     print(x)
...
>>> f()
1
1  # 関数fのローカル変数xの値が更新されている
```

　もし、nonlocal文がない場合は新しいローカル変数として定義されます。

```
>>> def f():
...     x = 'x'
...     def g():
...         x = 1  # ローカル変数として定義される
...         print(x)
...     g()
...     print(x)  # もとのxの値は変わらない
...
>>> f()
1  # 関数gのローカル変数xの値
x  # 関数fのローカル変数xの値はそのまま
```

　nonlocal文は便利な機能ですが、変数を書き換えられる領域を増やすとコー

ドを追う際に考慮すべきことが増えます。そのため、利用の際には注意が必要です。

クロージャ ── 作成時の環境を記憶した関数オブジェクト

クロージャは、関数オブジェクトの一種です。自分自身が作成されたときの環境（外側のスコープ）にある変数への参照を保持できる特徴を持っています。Pythonではクロージャを意識して使うことはあまり多くありませんが、クロージャはプログラミングにおける一般的な用語です[注a]。

Pythonでのクロージャの例を1つ紹介します。次はクロージャを利用したカウンタの実装例です。

```
>>> def counter():
...     count = 0
...     def _increment():
...         nonlocal count
...         count += 1
...         return count
...     return _increment
...
```

counter()関数は、ローカル変数countを定義し、関数オブジェクト_incrementを返します。関数内のローカル変数は通常、その関数が最後まで実行されたタイミングで消えます。しかし、クロージャである関数オブジェクト_incrementは、自身が定義されたときに外側のスコープで定義されていた変数countへの参照を保持し続けます。つまり、_increment()関数が実行されるたびにローカル変数countの値はインクリメントされていきます。

実際に動きを確認してみましょう。このカウンタは次のように利用します。

```
# カウンタを作成
>>> counter1 = counter()
>>> counter1
<function counter.<locals>._counter at 0x10b8c3510>

# _incrementの外側で定義されていた
# countへの参照を保持し続けている
>>> counter1()
1
>>> counter1()
2
```

別のカウンタを用意しても、それぞれ違う変数への参照になっているため、お互いに影響し合うことはありません。

```
# 別のカウンタを作成
# counter1が参照しているcountには影響しない
>>> counter2 = counter()
>>> counter2()

1
>>> counter1()
3
```

注a　9.2節で紹介するデコレータと呼ばれる機能では、クロージャが活用されていることもあります。

7.5
本章のまとめ

　本章では、モジュールやパッケージの作成方法とそれらの利用方法を紹介しました。

　モジュールやパッケージを作成すると、対話モードでは考えられなかった規模のプログラムを作成でき、チームでの開発もスムーズに行えます。多くの人にとって使いやすく、保守性が高いプログラムを作るには、適切な粒度でのパッケージの作成やインポートのしくみやスコープの理解が不可欠です。本書だけでなく、公式ドキュメントやそのほかの参考書なども利用し、理解を深めてください。

第**8**章

組み込み関数と特殊メソッド

組み込み関数とは、その名のとおりPythonに組み込まれている関数です。何もインポートすることなくいつでも利用できます。

特殊メソッドとは、メソッド名の前後にアンダースコアが2つ(__)が付いているメソッドで、Pythonから暗黙的に呼び出されます。いつどのような特殊メソッドが利用されているかを知り、それを正しく実装すると、組み込みオブジェクトが持つ多くの機能を自分が定義するクラスにも持たせられます。

本章では、Pythonで定義されている組み込み関数と特殊メソッドの中から、代表的なものを紹介します。

8.1
組み込み関数 —— いつでも利用できる関数

本書でもすでに、dir()やtype()、print()などの組み込み関数を利用してきました。ここでは、これまで紹介していない組み込み関数の中から便利なものをいくつか紹介します。

オブジェクトの型を調べる関数

まずは、isinstance()、issubclass()、callable()の3つの組み込み関数を紹介します。これらはすべてオブジェクトの型を調べる組み込み関数です。引数のチェックや関数、メソッドの戻り値を調べる際に利用します。

● isinstance()、issubclass() —— 動的な型判定

isinstance()は、第一引数に渡したインスタンスオブジェクトが、第二引数に渡したクラスに属していればTrueを返します。第二引数をタプルにすると、複数のクラスで同時に比較できます。複数のクラスで比較する場合は、いずれかのクラスに属していればTrueとなります。

```
>>> d = {}  # 空の辞書を生成

# 第一引数はインスタンスオブジェクト
>>> isinstance(d, dict)
True
>>> isinstance(d, object)
True
```

```
>>> isinstance(d, (list, int, dict))
True
```

issubclass()は、isinstance()とほぼ同じですが、第一引数にクラスオブジェクトをとる点が異なります。

```
# 第一引数はクラスオブジェクト
>>> issubclass(dict, object)
True

# bool型はint型のサブクラス
>>> issubclass(bool, (list, int, dict))
True
```

isinstance()を使った例を1つ紹介します。次のget_value()関数は辞書から値を取り出す際に、isinstance()を用いて引数の型がdict型かどうかをチェックします。

```
# 辞書から値を取り出す関数
>>> def get_value(obj, key):
...     if not isinstance(obj, dict):
...         raise ValueError
...     return obj[key]
...
```

この関数に次のMyDictクラスのインスタンスを渡してみます。MyDictクラスの基底クラスcollections.UserDictはユーザー定義の辞書風オブジェクトを作成するためのクラスです[注1]。ただし、UserDictはdict型のサブクラスではないため、この関数にMyDictのインスタンスを渡すとエラーとなります。

```
# 辞書風オブジェクトを作成
>>> from collections import UserDict
>>> class MyDict(UserDict):
...     pass
...

# 辞書のように使える
>>> my_dict = MyDict()
>>> my_dict['a'] = 1
>>> my_dict['a']
```

注1 Python 3では組み込み型dictをサブクラス化できますが、組み込みのメソッドからオーバーライドした特殊メソッドが呼ばれないなどの注意点もあります。たとえば、dict.get()はオーバーライドされた__getitem__()を呼び出しません。これはcollections.UserDictを使うと解決します。

```
1

# dictのサブクラスではないためエラー
>>> get_value(my_dict, 'a')
Traceback (most recent call last):
  File "<stdin>", line 1, in <module>
  File "<stdin>", line 3, in get_value
ValueError
```

　しかし、MyDictクラスも辞書のように使えるため、get_value()関数で利用
できるべきでしょう。これはisinstance()での比較の際に、dict型の代わりに
辞書の抽象基底クラスcollections.abc.Mappingを利用すると解決します。抽
象基底クラスとは、インターフェースを宣言するために用意されたクラスです。
つまり、辞書の抽象基底クラスであるMappingクラスには、辞書として振る舞
う際に必要となるメソッド群が定義されています。

　isinstance()の判定で抽象基底クラスを利用すると、直接的な継承関係では
なく、必要なメソッドが実装されているかどうかで判定ができます。

```
>>> from collections import abc

# MyDictクラスの基底クラスUserDictは
# 辞書として振る舞う際に必要となるメソッドをすべて実装している
>>> def get_value(obj, key):
...     if not isinstance(obj, abc.Mapping):
...         raise ValueError
...     return obj[key]
...
>>> get_value(my_dict, 'a')
1
```

　このように、抽象基底クラスを利用するとより柔軟なプログラムになります。
collections.abcモジュールにはMappingのほかにも、Containerクラス、
Sequenceクラス、Iterableクラスなど多くの抽象基底クラスが用意されていま
す。それらの一覧は公式ドキュメントの「collections.abc－コレクションの抽象
基底クラス」[注2]にあります[注3]。

注2　https://docs.python.org/ja/3/library/collections.abc.html
注3　単に数値であることを判定したい場合には、numbersモジュールで数の抽象基底クラスとして定
　　　義されているnumbers.Numberを利用します。

● **callable()** —— 呼び出し可能オブジェクトを判定

Pythonでは、関数やクラス、メソッドなど、()を付けて呼び出せるオブジェクトを呼び出し可能オブジェクトと呼びます。callable()は、引数に渡したオブジェクトが呼び出し可能オブジェクトかどうかの判定を行う組み込み関数です。

```
>>> callable(isinstance)  # 関数
True
>>> callable(Exception)  # クラス
True
>>> callable(''.split)  # メソッド
True
```

4.9節で紹介したように、特殊メソッド__call__()を持つインスタンスも()を付けて呼び出せます。そのため、関数やクラス、メソッドと同様に特殊メソッド__call__()を持つインスタンスもcallable()はTrueを返します。次の例では、実際に特殊メソッド__call__()を実装したインスタンスをcallable()で判定しています。

```
>>> class Threshold:
...     def __init__(self, threshold):
...         self.threshold = threshold
...     def __call__(self, x):
...         return self.threshold < x
...

# インスタンス化時にしきい値を指定
>>> threshold = Threshold(2)

# __call__()メソッドが呼ばれる
>>> threshold(3)
True
>>> callable(threshold)
True
```

オブジェクトの属性に関する関数

isinstance()と似た用途で利用できる組み込み関数にhasattr()があります。hasattr()は、名前のとおりオブジェクトがある属性を持っているかどうかを判定するために使います。ここでは、このhasattr()をはじめとするオブジェクトの属性に関する組み込み関数を紹介します。

● **hasattr()** ── オブジェクトの属性の有無を判定

hasattr()は第一引数のオブジェクトが、第二引数の名前の属性を持っている場合のみTrueを返します。利用する属性が限られている場合はisinstance()によるクラスの確認よりも、hasattr()で必要な属性のみを確認するほうが柔軟性が向上します。

```
>>> import json
>>> import os

# パッケージオブジェクトは必ず__path__を持つ
>>> def is_package(module_or_package):
...     return hasattr(module_or_package, '__path__')
...

# jsonモジュールはパッケージ
>>> is_package(json)
True

# osモジュールは単体ファイル
>>> is_package(os)
False
```

● **getattr()、setattr()、delattr()** ── オブジェクトの属性を操作する

getattr()、setattr()、delattr()は、オブジェクトの属性を属性名の文字列を使って操作する組み込み関数です。これらを利用すると、第一引数として渡したオブジェクトの属性を動的に操作でき、非常に柔軟なプログラムを作れます。ただし、多用するとコードの可読性や保守性を著しく低下させるため注意が必要です。

```
>>> class Mutable:
...     def __init__(self, attr_map):
...         # 辞書のキーを属性名にしたインスタンス変数を用意
...         for k, v in attr_map.items():
...             setattr(self, str(k), v)
...
>>> m = Mutable({'a': 1, 'b': 2})
>>> m.a
1

# m.bと同等
>>> attr = 'b'
```

```
>>> getattr(m, attr)
2

# del m.aと同等
>>> delattr(m, 'a')
>>> m.a
Traceback (most recent call last):
  File "<stdin>", line 1, in <module>
AttributeError: 'Mutable' object has no attribute 'a'
```

　getattr()は、インスタンス変数だけでなく、メソッドも取得できます。このときの戻り値であるメソッドオブジェクトは、もとのインスタンスに紐付いたままとなります。そのため、getattr()で取得したメソッドの呼び出し時には、第一引数selfを明示的に渡す必要はありません。

```
>>> text = 'python'
>>> instance_method = getattr(text, 'upper')
>>> instance_method
<built-in method upper of str object at 0x10d7cd340>

# text.upper()と同等
>>> instance_method()
'PYTHON'
```

イテラブルなオブジェクトを受け取る関数

　イテラブルなオブジェクト（以下、イテラブル）に対して処理を行う組み込み関数がいくつかあります。これらは関数型プログラミング言語に慣れている方にとっては特に馴染みの深いものだと思います。これから紹介する関数を利用すると、プログラムの一部を関数型スタイルでも記述できます[注4]。

● **zip()** —— 複数のイテラブルの要素を同時に返す

　zip()は、複数のイテラブルを受け取り、タプルを返すイテレータを作成する組み込み関数です。i番目のタプルには、それぞれのイテラブルのi番目の要素どうしがまとめられています。なお、タプルの中の要素の順番はzip()の引数の順番と一致します。

注4　Pythonでの関数型プログラミングに関する情報に興味のある方は、公式ドキュメントの「関数型プログラミング HOWTO」が参考にしてみてください。https://docs.python.org/ja/3/howto/functional.html

```
>>> x = [1, 2, 3]
>>> y = [4, 5, 6]
>>> zip(x, y)
<zip object at 0x10c307408>

# 中身を確認するためにリストに変換
>>> list(zip(x, y))
[(1, 4), (2, 5), (3, 6)]
```

　zip()は一番短いイテラブルの長さまでしか結果を返しません。一番長いイテラブルに合わせたい場合には、標準ライブラリのitertools.zip_longest()関数が利用できます。

```
>>> x = [1, 2, 3]
>>> y = [4, 5, 6, 7]
>>> z = [8, 9]

# 一番短いイテラブルの長さになる
>>> list(zip(x, y, z))
[(1, 4, 8), (2, 5, 9)]

# fillvalueは足りない値を埋めるときに使われる
>>> from itertools import zip_longest
>>> list(zip_longest(x, y, z, fillvalue=0))
[(1, 4, 8), (2, 5, 9), (3, 6, 0), (0, 7, 0)]
```

● **sorted()** ── イテラブルの要素を並べ替える

　sorted()は、イテラブルの要素を並べ替える組み込み関数です。自分自身を並べ替えるメソッドlist.sort()と違い、結果は常に新しいオブジェクトで返されます。引数には不変な型も受け取ることができ、戻り値は引数の型によらず常にリストです。

```
>>> x = [1, 4, 3, 5, 2]
>>> y = [1, 4, 3, 5, 2]

# list.sort()は自分自身を並べ替える
>>> x.sort()
>>> x
[1, 2, 3, 4, 5]

# sorted()は新しいリストで返す
>>> sorted(y)
[1, 2, 3, 4, 5]
```

```
>>> y
[1, 4, 3, 5, 2]

# reverse=Trueを指定すると逆順になる
>>> sorted(y, reverse=True)
[5, 4, 3, 2, 1]
```

sorted()では、要素どうしが直接比較されます。このため、数値と文字列が混在している状況ではエラーとなってしまいます。

```
>>> x = ['1', '4', 3, 1, '1']
>>> sorted(x)
Traceback (most recent call last):
  File "<stdin>", line 1, in <module>
TypeError: '<' not supported between instances of 'int' and 'str'
```

C o l u m n

LBYLスタイルとEAFPスタイル

Pythonではisinstance()やhasattr()、in演算子などを使った事前の判定を行わずに、try:except:を使用して常に目的の処理を実行するスタイルもよく利用されます。Pythonの例外処理ブロックは例外が送出されない限りはとても効率的ですが、例外を捕捉する場合のコストは高価です。そのため、例外の発生する可能性が低い場合はtry:except:を利用し、それ以外の場合は判定処理を入れましょう。公式ドキュメントの「timeit --- 小さなコード断片の実行時間計測」[注a]にはhasattr()とtry:except:の比較例も掲載されています。そちらもご覧ください。

なお、isinstance()やhasattr()、in演算子などを事前に使ってエラーを回避する書き方は「ころばぬ先の杖」(*Look Before You Leap*)を略してLBYLスタイル[注b]と呼ばれます。一方、事前の判定は行わずにtry:except:を利用してエラーに対処する書き方は「認可をとるより許しを請う方が容易」(*Easier to Ask for Forgiveness than Permission*)を略してEAFPスタイル[注c]と呼ばれています。

注a https://docs.python.org/ja/3/library/timeit.html#examples

注b https://docs.python.org/ja/3/glossary.html#term-lbyl

注c https://docs.python.org/ja/3/glossary.html#term-eafp

　このようなときは引数keyに、引数を1つだけ取る関数を指定します。ソートが行われる際、この関数に各要素が渡されるため、比較に利用する値を返します。なお、sorted()は安定ソートであるため、比較結果が等しい場合はもとの順序が保持されます。

```
# 比較結果が等しい場合はもとの順序が保持される
>>> x = ['1', '4', 3, 1, '1']

# 各要素をint型の値として比較
>>> sorted(x, key=lambda v: int(v))
['1', 1, '1', 3, '4']
```

● **filter()** —— イテラブルの要素を絞り込む
　filter()は、条件に沿った要素だけを含むイテレータを返す組み込み関数です。絞り込み条件は、引数を1つだけ取る関数として第一引数で指定します。絞り込みの際には、この関数に各要素が渡されてくるため、残したい要素のときのみ真を返します。

```
>>> x = (1, 4, 3, 5, 2)
>>> filter(lambda i: i > 3, x)
<filter object at 0x10f3fa198>
>>> list(filter(lambda i: i > 3, x))
[4, 5]
```

　絞り込みの条件である第一引数は省略できません。ただし、Noneを渡すと要素自体の真理値評価の結果を使って絞り込みが行われます。

```
>>> x = (1, 0, None, 2, [], 'python')

# 真となるオブジェクトだけが残る
>>> list(filter(None, x))
[1, 2, 'python']
```

● **map()** —— すべての要素に関数を適用する
　map()は、イテラブルの全要素に対して同じ関数を適用する組み込み関数です。map()の戻り値は、関数を適用した結果を返すイテレータです。次のように適用したい関数を第一引数で指定します。

sorted()と組み合わせると便利なoperatorモジュール

　標準ライブラリにあるoperator.itemgetter()関数は、sorted()と組み合わせると便利です。operator.itemgetter()関数はキーになる値を受け取り、内部で作成したある関数を戻り値として返します。この戻り値の関数に辞書を渡すと、先に渡しておいたキーを使って、その辞書からキーに対応する値を返してくれます。キーを複数指定したり、キーと辞書の代わりにインデックスとリストも使えます。

```
# itemgetterの挙動を確認
>>> from operator import itemgetter
>>> d = {'word': 'python', 'count': 3}
>>> f = itemgetter('count')
>>> f(d)  # d['count']を返す
3
>>> f = itemgetter('count', 'word')
>>> f(d)  # (d['count'], d['word'])を返す
(3, 'python')
```

　このoperator.itemgetter()関数とsorted()と組み合わせると、辞書の値を使った並べ替えが次のように実現できます。

```
# 辞書の値を使った並べ替え
>>> counts = [
...     {'word': 'python', 'count': 3},
...     {'word': 'practice', 'count': 3},
...     {'word': 'book', 'count': 2},
... ]
>>> sorted(counts, key=itemgetter('count'))
[{'word': 'book', 'count': 2}, {'word': 'python', 'count': 3}, {'  ⏎
word': 'practice', 'count': 3}]

# countの値で並べ替えたあとにwordの値でも並べ替えられる
>>> sorted(counts, key=itemgetter('count', 'word'))
[{'word': 'book', 'count': 2}, {'word': 'practice', 'count': 3},  ⏎
{'word': 'python', 'count': 3}]
```

　operator.itemgetter()関数はインデックスやキーによるアクセスが可能なオブジェクトとともに利用しますが、インデックスやキーの代わりに属性を使うoperator.attrgetter()関数もあります。

```
>>> x = (1, 4, 3, 5, 2)
>>> map(lambda i: i * 10, x)
<map object at 0x10f3fa278>
>>> list(map(lambda i: i * 10, x))
[10, 40, 30, 50, 20]
```

map()には、第二引数以降に複数のイテラブルを渡せます。このとき、第一引数で指定する関数が受け取る引数の数は、第二引数以降に渡すイテラブルの数と一致している必要があります。次の例では、keysとvaluesに格納された値からクエリ文字列を作成しています。

```
>>> keys = ('q','limit','page')
>>> values = ('python', 10, 2)

# 関数が受け取る引数の数と渡すイテラブルの数は一致させる
>>> list(map(lambda k, v: f'{k}={v}', keys, values))
['q=python', 'limit=10', 'page=2']

# join()と組み合わせてクエリ文字列を作成
>>> '?' + '&'.join(
...   map(lambda k, v: f'{k}={v}', keys, values))
'?q=python&limit=10&page=2'
```

● all()、any() ── 真理値を返す

all()、any()はどちらもイテラブルを1つだけ引数にとり、真理値を返す組み込み関数です。all()はイテラブルのすべての要素が真の場合にTrueを返し、それ以外の場合はFalseを返します。

```
# all()はすべての要素が真の場合にTrue
>>> all(['python', 'practice', 'book'])
True

# 空文字が偽なので結果もFalse
>>> all(['python', 'practice', ''])
False
```

対してany()はイテラブルの中に真となる要素が1つ以上ある場合にTrueを返し、それ以外の場合はFalseを返します。

```
# any()は1つでも真であればTrue
>>> any(['python', '', ''])
True
```

```
# 真の値がないのでFalse
>>> any(['', '', ''])
False
```

そのほかの組み込み関数

　組み込み関数には、ここで紹介したもの以外にも open() や input()、max() など便利なものがたくさんあります。組み込み関数の一覧は、公式ドキュメントの「組み込み関数」[注5]をご覧ください[注6]。

　ちなみに、組み込み関数の一覧には str() や int() なども含まれていますが、これらは str クラスや int クラスなどのクラスオブジェクトに () を付けたものです。クラス名を小文字で始めて関数のように見せているため、組み込み関数の一覧に載っていても違和感がありません。

8.2
特殊メソッド —— Pythonが暗黙的に呼び出す特別なメソッド

　特殊メソッドとは、Pythonが暗黙的に呼び出す特別なメソッドです。目印としてメソッド名の前後にアンダースコア2つ(__)が付いています。たとえば、組み込み関数 len() は引数に渡したオブジェクトの特殊メソッド __len__() を暗黙的に利用します。

```
>>> class A:
...    def __len__(self):
...       return 5
...
>>> a = A()
>>> len(a)
5
```

　このように、自分が定義したクラスであっても、特殊メソッドを実装すると多くの演算子や構文を利用できます。

　なお、それぞれの特殊メソッドは、どのような実装をすべきかが決められて

注5　https://docs.python.org/ja/3/library/functions.html#built-in-functions
注6　本書の執筆時点では、組み込み関数は全部で69個ありました。

第**8**章
組み込み関数と特殊メソッド

いいます。たとえば、`__len__()`の場合は0以上の整数を返す必要があり、これに
従っていない場合は実行時のチェックでエラーとなります[注7]。

```
>>> class B:
...     def __len__(self):
...         return -1
...
>>> b = B()
>>> len(b)
Traceback (most recent call last):
  File "<stdin>", line 1, in <module>
ValueError: __len__() should return >= 0
```

　特殊メソッドはPythonの特徴の1つです。ここでは、数多くある特殊メソッ
ドの中から代表的なものを紹介します。

`__str__()`、`__repr__()` ── オブジェクトを文字列で表現する

　対話モードでは、オブジェクト名を入力すると、そのオブジェクトの文字列表
現を得られます。同じように、組み込み関数`print()`でもオブジェクトを文字列
として出力できます。実は、この両者の結果は次のように結果が一致しない場合
があります。

```
>>> s = 'string'
>>> s
'string'
>>> print(s)
string
```

　これは、オブジェクト名のみを入力した際は`__repr__()`が呼ばれ、組み込み
関数`print()`に渡された際は`__str__()`が呼ばれるためです。この2つの特殊メ
ソッドは、どちらもオブジェクトの文字列表現を返しますが、主な用途が違い
ます。次はそれぞれの用途に沿った実装をした例です。

```
>>> class Point:
...     def __init__(self, x, y):
...         self.x = x
...         self.y = y
```

注7　この組み込みのチェック機構を働かせるためには、len(b)のように呼び出す必要があります。つま
　　り、オブジェクトの長さを取得する際に、b.__len__()を直接呼び出すことは推奨されていません。

```
...    def __repr__(self):
...      return f'Point({self.x}, {self.y})'
...    def __str__(self):
...      return f'({self.x}, {self.y})'
...
>>> p = Point(1, 2)
>>> p
Point(1, 2)
>>> print(p)
(1, 2)
```

　__repr__()は、デバッグなどに役立つ情報を提供するために利用される特殊メソッドです。可能であれば、そのオブジェクトを再現するために有効なPythonの式がよいとされています。

　これに対し__str__()は、組み込み関数のprint()やstr()、f'{}'などで利用されるユーザーフレンドリーな文字列を返す特殊メソッドです。人の目で見てわかりやすい文字列表現を返すと考えるとよいでしょう。もし__str__()が実装されていない場合は__repr__()が呼ばれるため、__repr__()から先に実装するのがお勧めです。

__bool__() ── オブジェクトを真理値で評価する

　Pythonでは、すべてのオブジェクトが真理値評価でき、偽となるオブジェクト以外はすべて真となります。ユーザー定義のクラスやインスタンスはデフォルトで真と評価されますが、特殊メソッド__bool__()を実装するとその判定処理を変更できます。次のQueryParamsクラスは、保持している辞書の評価結果を、自分自身の評価結果として返します。

```
>>> class QueryParams:
...    def __init__(self, params):
...      self.params = params
...    def __bool__(self):
...      return bool(self.params)
...
>>> query = QueryParams({})
>>> bool(query)
False
>>> query = QueryParams({'key': 'value'})
>>> bool(query)
True
```

　__bool__()を実装すると真理値評価の結果を制御できますが、真理値評価に
影響する特殊メソッドは__bool__()だけではありません。__bool__()を実装せ
ずに__len__()が0を返すと、そのオブジェクトは偽となります。先ほどの
QueryParamsクラスも__bool__()を削除し、代わりに__len__()を実装しても
同じ結果を得られます。

```
>>> class QueryParams:
...     def __init__(self, params):
...         self.params = params
...     def __len__(self):
...         return len(self.params)
...

# __len__()が0なので偽になる
>>> bool(QueryParams({}))
False
```

__call__() ── インスタンスを関数のように扱う

　特殊メソッド__call__()を実装したクラスでは、インスタンスを関数のよう
に呼び出せます。関数との主な違いは、インスタンスであれば状態を保持でき
る点です。インスタンス変数を使って、呼び出し時に利用する共通のパラメー
タや設定情報を保持したり、呼び出し回数や結果などを保持できます。

```
>>> class Adder:
...     def __init__(self):
...         self._values = []
...     def add(self, x):
...         self._values.append(x)
...     def __call__(self):
...         return sum(self._values)
...
>>> adder = Adder()
>>> adder.add(1)
>>> adder.add(3)
>>> adder()
4
>>> adder.add(5)
>>> adder()
9
```

　次の例を見てください。おもしろいことに、関数オブジェクトの属性一覧の

中には属性 `__call__` があります。

```
>>> def f():
...    return 1
...
>>> dir(f)
['__annotations__', '__call__', '__class__', ...]
>>> type(f)
<class 'function'>
```

　このコードから、関数オブジェクトの実体が `__call__()` を実装した function クラスのインスタンスであることがわかります。このように `__call__()` は Python を裏から支えている機能の1つでもあります。

属性への動的なアクセス

　Pythonは動的型付き言語ですので、プログラムの実行中にオブジェクトの属性を追加したり、削除したりできます。ここでは、そのために利用できる特殊メソッドとして `__setattr__()`、`__getattr__()`、`__getattribute__()`、`__delattr__()` を紹介します。これらのメソッドは上手に活用できると、コード量を大幅に削減できます。ただし、先ほど紹介した組み込み関数の getattr() や setattr() と同様、使いすぎるとコードの可読性や保守性を低下させるため注意が必要です。

● `__setattr__()` —— 属性への代入で呼び出される

　`__setattr__()` は、`p.x = 1` などの属性への代入で呼ばれる特殊メソッドです。この場合は `__setattr__()` の第二引数に `'x'` が、第三引数に1が渡されて呼び出されます。次の例では `__setattr__()` を活用し、属性の代入を属性名で制限しています。

```
>>> class Point:
...    def __init__(self, x, y):
...      self.x = x
...      self.y = y
...    def __setattr__(self, name, value):
...      if name not in ('x', 'y'):
...        raise AttributeError('Not allowed')
...      super().__setattr__(name, value)
```

```
...
>>> p = Point(1, 2)
>>> p.z = 3
Traceback (most recent call last):
  File "<stdin>", line 1, in <module>
  File "<stdin>", line 7, in __setattr__
AttributeError: Not allowed
>>> p.x = 3
>>> p.x
3
```

　__setattr__()の内部でself.x = 1と書くと、__setattr__()が再度呼ばれるため無限ループとなり、無限ループとなり例外RecursionErrorが発生します。このため、__setattr__()の内部で自分自身に属性を追加する際は、必ず組み込み関数super()を使って基底クラスの__setattr__()を呼び出します。

● __delattr__() —— 属性の削除で呼び出される
　__delattr__()は、属性の削除で呼び出されます。それ以外は__setattr__()と同じです。次の例では、属性名を見て削除の実行を制限しています。

```
>>> class Point:
...     def __init__(self, x, y):
...         self.x = x
...         self.y = y
...     def __delattr__(self, name):
...         if name in ('x', 'y'):
...             raise AttributeError('Not allowed')
...         super().__delattr__(name)
...
>>> p = Point(1, 2)
>>> del p.x
Traceback (most recent call last):
  File "<stdin>", line 1, in <module>
  File "<stdin>", line 7, in __delattr__
AttributeError: Not allowed
```

　__delattr__()は前述の__setattr__()や次に紹介する__getattr__()と比べると、必要となるシーンはそう多くはないでしょう。

● __getattr__()、__getattribute__() —— 属性アクセスで呼び出される
　__getattr__()と__getattribute__()は、どちらもp.xのような属性アクセスで呼び出され、第二引数に属性名'x'が渡されます。当然のことながら、両

者の挙動には違いがあります。それを理解するためには、Pythonのオブジェクトが持つ属性 __dict__ について知る必要があります。次の例を見てください。

```
>>> class Point:
...     pass
...
>>> p = Point()
>>> p.__dict__
{}

# p.__dict__['x'] = 1 に変換される
>>> p.x = 1
>>> p.__dict__
{'x': 1}

# __dict__ は直接書き込み可能
>>> p.__dict__['y'] = 2
>>> p.y
2
```

このように、属性辞書 __dict__ には代入された属性が格納されています。インスタンスの名前空間の実体はこの辞書であり、属性の参照時にはまずこの辞書から検索が行われます。

ここで、__getattr__() と __getattribute__() の違いに話を戻すと、__getattr__() は属性アクセス時に対象の名前が属性辞書 __dict__ に存在しない場合にのみ呼ばれ、__getattribute__() はすべての属性アクセスで呼び出されます。

これらの特殊メソッドを利用すると、実際にはインスタンスが持っていない属性でもあたかもその属性を持っているかのような振る舞いを定義できます。次の例では、設定ファイルの情報をインスタンス属性のように参照します。まず、設定ファイルを次の内容で用意してください。

config.json
```
{
  "url": "https://api.github.com/"
}
```

これを扱うクラスを次のように作成します。インスタンスconfは属性urlを持っていませんが、conf.urlのようにアクセスされると設定ファイルに記載された値を返します。

```
>>> import json
>>> class Config:
...   def __init__(self, filename):
...     self.config = json.load(open(filename))
...   def __getattr__(self, name):
...     if name in self.config:
...       return self.config[name]
...     # 存在しない設定値へのアクセスはエラーとする
...     raise AttributeError()
...
>>> conf = Config('config.json')
>>> conf.url
'https://api.github.com/'
```

　ここで紹介した特殊メソッドは、理解が不十分な状態で利用すると、意図したとおりにメソッドが呼び出されないなどの不具合が生じる可能性もあります。実際に利用する際には、公式ドキュメントの「3. データモデル」[注8] を必ず確認してください。

イテラブルなオブジェクトとして振る舞う

　イテラブルなオブジェクト（以下、イテラブル）を一言で表すと、for文や内包表記で使えるオブジェクトです。ユーザー定義のクラスでもここで紹介する特殊メソッド__iter__()を実装すると、イテラブルとして利用できます。

● __iter__() ── イテレータオブジェクトを返す
　for i in xと書いたとき、for文はxの__iter__()を呼び出し、その戻り値を利用します。この戻り値はイテレータと呼ばれるオブジェクトで、ここで紹介している__iter__()と次で紹介する__next__()の両方が実装されています。
　次のIterableクラスは__iter__()を実装し、その戻り値がイテレータになっているためfor文や内包表記で利用できます。__iter__()の中では組み込み関数iter()を利用して、組み込み関数range()によって作成されたオブジェクトの__iter__()を呼び出しています。つまり、このクラスが返すイテレータは組み込み関数range()が返すイテレータとなるので、range()と同じように動きます。

注8　https://docs.python.org/ja/3/reference/datamodel.html

```
>>> class Iterable:
...    def __init__(self, num):
...      self.num = num
...    def __iter__(self):
...      return iter(range(self.num))
...
>>> [val for val in Iterable(3)]
[0, 1, 2]
```

● __next__() —— 次の要素を返す

　先ほど説明したように、特殊メソッドの __iter__() と __next__() を実装した
オブジェクトをイテレータと呼びます。イテレータの __iter__() の戻り値は、
必ずそのイテレータ自身とします。__next__() はループのたびに呼ばれ、その
戻り値がfor i in xのiに渡されます。__next__() で返す値がなくなった際に
は、例外StopIterationを送出してループを終了させます。なお、組み込み関
数next()にイテレータを渡すと、そのイテレータの __next__() が呼び出され、
その戻り値をそのままnext()の戻り値として受け取れます。

　次のReverserクラスは、引数のオブジェクトを逆順にして返すイテレータで
す。イテレータは必ず自分自身を返す __iter__() を実装しているため、イテラ
ブルとしても利用できます。

```
>>> class Reverser:
...    def __init__(self, x):
...      self.x = x
...    def __iter__(self):
...      return self
...    def __next__(self):
...      try:
...        return self.x.pop()
...      except IndexError:
...        raise StopIteration()
...
>>> [val for val in Reverser([1, 2, 3])]
[3, 2, 1]
```

　イテラブルとイテレータは違う概念であることに注意してください。イテレ
ータは必ずイテラブルですが、イテラブルはイテレータとは限りません。

- **イテラブル**

  __iter__()を実装したオブジェクト

  __iter__()の戻り値は任意のイテレータ

- **イテレータ**

  __iter__()と __next__()を実装したオブジェクト

  __iter__()の戻り値は自分自身(self)

コンテナオブジェクトとして振る舞う

コンテナオブジェクト(以下、コンテナ)は、リストやタプル、辞書などほかのオブジェクトへの参照を持つオブジェクトです。コンテナとして振る舞うクラスが持つ特殊メソッドは数が多く、また、実現したい性質によっても変わり

C o l u m n

zip()とiter()を使ったイディオム

本章で紹介した組み込み関数のzip()とiter()を組み合わせたイディオムが、公式ドキュメント[注a]で紹介されています。このイディオムを使うと、イテラブルの要素をn個ずつに分解できます。

```
>>> n = 3  # 1グループあたりの要素数
>>> s = [i for i in range(12)]
>>> s
[0, 1, 2, 3, 4, 5, 6, 7, 8, 9, 10, 11]

# zip()とiter()を使ったイディオム
>>> list(zip(*[iter(s)]*n))
[(0, 1, 2), (3, 4, 5), (6, 7, 8), (9, 10, 11)]
```

このイディオムは少し難しいですが、頭の体操として何が起きているか考えてみてください。次のリストでは5.1節で紹介した引数リストのアンパックを使ってzip()に渡されています。

```
# 各要素は同じイテレータを参照している
>>> [iter(s)]*n
[<list_iterator object at 0x103a8eee0>, <list_iterator object at 0x10
3a8eee0>, <list_iterator object at 0x103a8eee0>]
```

注a https://docs.python.org/ja/3/library/functions.html#zip

ます。完全な一覧を確認したい場合は、公式ドキュメントの「3.3.7. コンテナを
エミュレートする」[注9]を確認してください。ここでは、それらの中でも特によく
利用されるものを紹介します。

● __getitem__()、__setitem__() —— インデックスやキーによる操作

特殊メソッド __getitem__() は、インデックスやキーによるアクセス（x[1]、
x['key'] など）で呼び出されます。また、インデックスやキーを使った代入時
には特殊メソッド __setitem__() が呼び出されます[注10]。

次の例では、これらを利用してキーごとに参照された回数と代入された回数
を数えています。回数の記録には標準ライブラリの collections.defaultdict
クラスを利用しています。これは初期値を設定できる便利な辞書クラスで、
defaultdict(int) のようにインスタンス化すると初期値は int 型の値0になり
ます。

```
>>> from collections import defaultdict
>>> class CountDict:
...     def __init__(self):
...         self._data = {}
...         self._get_count = defaultdict(int)
...         self._set_count = defaultdict(int)
...     def __getitem__(self, key):
...         # c['x'] など参照時に呼ばれる
...         self._get_count[key] += 1
...         return self._data[key]
...     def __setitem__(self, key, value):
...         # c['x'] = 1 など代入時に呼ばれる
...         self._set_count[key] += 1
...         self._data[key] = value
...     @property
...     def count(self):
...         return {
...             'set': list(self._set_count.items()),
...             'get': list(self._get_count.items()),
...         }
...
>>> c = CountDict()
>>> c['x'] = 1
>>> c['x']
```

注9　https://docs.python.org/ja/3/reference/datamodel.html#emulating-container-types
注10　本文では触れていませんが、削除で呼ばれる __delitem__() もあります。

```
1
>>> c['x'] = 2
>>> c['y'] = 3

# 参照、代入された回数を返す
>>> c.count
{'set': [('x', 2), ('y', 1)], 'get': [('x', 1)]}
```

● __contains__() —— オブジェクトの有無を判定する

　特殊メソッド __contains__() を実装すると in 演算子に対応できます。1 in x
を実行すると、オブジェクト x の __contains__() の第二引数に1が渡されて呼
び出され、その戻り値の真理値評価の結果がこの式の結果となります。

```
>>> class OddNumbers:
...     def __contains__(self, item):
...         try:
...             return item % 2 == 1
...         except:
...             return False
...
>>> odds = OddNumbers()
>>> 1 in odds
True
>>> 4 in odds
False
```

　おもしろいことに、__contains__() を実装していないクラスでも in 演算子を
利用できる場合があります。先ほど出てきた Reverser クラスはその一例です。

```
>>> class Reverser:
...     def __init__(self, x):
...         self.x = x
...     def __iter__(self):
...         return self
...     def __next__(self):
...         try:
...             return self.x.pop()
...         except IndexError:
...             raise StopIteration()
...
>>> r = Reverser([1, 2, 3])
>>> 2 in r
True
>>> 4 in r
False
```

このように、Pythonのin演算子は、__contains__()が実装されていない場合は__iter__()を使って得たイテレータの各要素に一致するものがないかを確認します。さらに、__contains__()と__iter__()のどちらも実装していない場合は__getitem__()が利用されます。ただし、実際にコンテナを定義する際には、効率よくin演算子を使えるように__contains__()を実装しましょう。

そのほかの特殊メソッド

Pythonには、このほかにもたくさんの特殊メソッドがあります。たとえば、__add__()や__sub__()を実装するとオブジェクトどうしを数値のように+演算子や-演算子で連結でき、__eq__()を実装するとオブジェクトどうしの==演算子の比較結果を自由に変更できます。

また、次章で紹介するコンテキストマネージャーやデスクリプタも特殊メソッドを活用して実現されています。ここで紹介しきれなかったものも含め、各特殊メソッドの詳細は公式ドキュメントの「3.3. 特殊メソッド名」[注11]を確認してください。

8.3
本章のまとめ

本章では、Pythonの組み込み関数と特殊メソッドの代表的なものを紹介しました。組み込み関数はいつでも使えるとあって、便利なものが多くそろっています。ぜひ公式ドキュメントで一覧を確認してください。

また、特殊メソッドを使うとシステムが提供する標準的な動きをフックしたり、自分が定義したクラスをPythonのさまざまな構文に対応させられます。非常に強力な機能ですが、標準的な動きを壊さずに活用するためには相応の知識が必要なものも含まれています。そのため、利用する際は細心の注意を払ってください。

注11 https://docs.python.org/ja/3/reference/datamodel.html#special-method-names

第**9**章

Python特有のさまざまな機能

　条件分岐やループ、関数、クラスなどの機能は、多くのプログラミング言語で似たしくみがありますが、本章ではPython特有の機能を紹介していきます[注1]。ここで紹介する機能を活用すると、コード量の削減、パフォーマンスの向上や可読性の向上などにつながります。また、コードがぐっとPythonらしくなり、コードから漂うぎこちなさも消えていくでしょう。それぞれの機能ごとに、どのようなシーンに応用できるか考えながら読み進めてみてください。

　本章では、ジェネレータ、デコレータ、コンテキストマネージャー、デスクリプタの4つの機能を説明します。

9.1
ジェネレータ —— メモリ効率のよいイテラブルなオブジェクト

　ジェネレータは、リストやタプルのように、for文で利用できるイテラブルなオブジェクト(以下、イテラブル)です。リストやタプルは、すべての要素をメモリ上に保持するため、要素数が増えれば増えるほどメモリ使用量も増える欠点があります。これに対しジェネレータは、次の要素が求められるたびに新たな要素を生成して返せます。つまり、要素数にかかわらずメモリ使用量を小さく保てます。

ジェネレータの具体例

　次の例では、値を無限に返し続けるジェネレータinfを作成しています。ジェネレータinfは通常の関数に見えますが、内部にあるyield式がジェネレータの目印です。このジェネレータをfor文で使うと、引数に渡した値を無限に返し続けます。要素を無限に返すこの動きは、すべての要素をメモリに保持するリストやタプルでは実現できないものです。

```
# yieldを含む関数はジェネレータになる
>>> def inf(n):
...     while True:
...         yield n
...
```

注1　本章で説明する機能のうち、ジェネレータはJavaScriptやC#などの言語でも同じような機能があります。

```
# Ctrl+Cで中断できる
>>> for i in inf(3):
...     print(i)
...
3
3
（省略）
```

ジェネレータの実装

　それでは、ジェネレータを実装しながらその詳細を見ていきましょう。ジェネレータの作成方法は2つあります。一つはジェネレータ関数を使う方法、もう一つはジェネレータ式を使う方法です。どちらの方法もジェネレータの作成自体は難しくありません。しかし、ジェネレータの利用時にはリストやタプルとは異なる点があり、注意が必要です。この注意点については、のちほど紹介します。

● **ジェネレータ関数** —— 関数のように作成する

　ジェネレータ関数とは、内部でyield式を使っている関数のことを言います。これを単にジェネレータと呼ぶことも多いです。

　ジェネレータ関数の戻り値は、ジェネレータイテレータと呼ばれるイテレータです。このイテレータは特殊メソッド__next__()が呼ばれるたびに、関数内の処理が次のyield式まで進みます[注2]。そして呼び出し元にyield式に渡した値を返すと、そのときの状態を保持したまま、その行で処理を中断します。再度特殊メソッド__next__()が呼ばれると、次の行から処理が再開され、関数を抜けると自動でStopIterationが送出されます。

```
>>> def gen_function(n):
...     print('start')
...     while n:
...         print(f'yield: {n}')
...         yield n   # ここで一時中断される
...         n -= 1
...
# 戻り値はジェネレータイテレータ
```

注2　イテレータおよびイテレータの持つ特殊メソッド__next__()については8.2節で解説しています。

```
>>> gen = gen_function(2)
>>> gen
<generator object gen_function at 0x10439b9a8>

# 組み込み関数next()に渡すと
# __next__()が呼ばれる
>>> next(gen)
start
yield: 2
2  # これがnext(gen)の戻り値
>>> next(gen)
yield: 1
1
>>> next(gen)
Traceback (most recent call last):
  File "<stdin>", line 1, in <module>
StopIteration
```

8.2節で紹介したように、StopIterationが送出されるまでイテレータの特殊メソッド __next__() を呼び出し続けることがfor文の仕事です。ジェネレータ関数は戻り値がイテレータであるため、for文や内包表記、引数にイテラブルを取る関数などで利用できます。

```
>>> def gen_function(n):
...     while n:
...         yield n
...         n -= 1
...

# for文での利用
>>> for i in gen_function(2):
...     print(i)
...
2
1

# 内包表記での利用
>>> [i for i in gen_function(5)]
[5, 4, 3, 2, 1]

# イテラブルを受け取る関数に渡す
>>> max(gen_function(5))
5
```

● **ジェネレータ式** —— 内包表記を利用して作成する

リストやタプルなどのイテラブルがあるときは、内包表記を使ってイテラブルからジェネレータを作成できます。これはジェネレータ式と呼ばれ、リスト内包表記と同じ構文で [] の代わりに () を使います。

```
>>> x = [1, 2, 3, 4, 5]

# これはリスト内包表記
>>> listcomp = [i**2 for i in x]
>>> listcomp  # すべての要素がメモリ上にすぐ展開される
[1, 4, 9, 16, 25]

# これはジェネレータ式
>>> gen = (i**2 for i in x)
>>> gen  # 各要素は必要になるまで計算されない
<generator object <genexpr> at 0x10bc10408>

# リストにすると最後の要素まで計算される
>>> list(gen)
[1, 4, 9, 16, 25]
```

関数の呼び出し時に渡したい引数がジェネレータ式1つだけの場合は、内包表記の () を省略できます。

```
>>> x = [1, 2, 3, 4, 5]

# max((i**3 for i in x))と等価
>>> max(i**3 for i in x)
125
```

● **yield from式** —— サブジェネレータへ処理を委譲する

ジェネレータの内部でさらにジェネレータを作成できる場合、yield from式を使うと簡潔に書きなおせることがあります。

たとえば、次のコードの chain() 関数は、複数のイテラブルを連続した1つのイテラブルに変換するジェネレータです[注3]。

```
>>> def chain(iterables):
...     for iterable in iterables:
...         for v in iterable:
...             yield v
```

注3　標準ライブラリの itertools.chain() はこれと同じことを行います。https://docs.python.org/ja/3/library/itertools.html#itertools.chain

```
...
>>> iterables = ('python', 'book')
>>> list(chain(iterables))
['p', 'y', 't', 'h', 'o', 'n', 'b', 'o', 'o', 'k']
```

chain()関数の最後の2行は、ジェネレータ式に置き換えができます。ジェネレータ式に置き換えてyield from式を合わせて使うと、次のように書きなおせます。

```
>>> def chain(iterables):
...     for iterable in iterables:
...         yield from (v for v in iterable)
...
>>> list(chain(iterables))
['p', 'y', 't', 'h', 'o', 'n', 'b', 'o', 'o', 'k']
```

yield from式の行でchain()関数からサブジェネレータ(v for in iterable)へ処理が委譲されています。そして、このサブジェネレータがStopIterationを送出すると、chain()関数の処理が再開する動きになっています。

ジェネレータを利用する際の注意点

ジェネレータは、リストやタプルと同じくイテラブルとして使えます。実際に、8.1節で紹介した組み込み関数のzip()やfilter()は、ジェネレータを渡しても問題なく動作します。

```
>>> def gen(n):
...     while n:
...         yield n
...         n -= 1
...

# zip()にリストとジェネレータを同時に渡す
>>> x = [1, 2, 3, 4, 5]
>>> [i for i in zip(x, gen(5))]
[(1, 5), (2, 4), (3, 3), (4, 2), (5, 1)]

# filter()にジェネレータを渡す
>>> odd = filter(lambda v: v % 2 == 1, gen(5))
>>> [i for i in odd]
[5, 3, 1]
```

しかし、ジェネレータを渡す場合はリストやタプルにはない注意すべき点がありますので、実例とともに紹介します。

● len()で利用する場合

リストやタプルでよく利用される組み込み関数len()は、ジェネレータでは利用できません。次の例を見てください。

```
>>> len(gen(5))
Traceback (most recent call last):
  File "<stdin>", line 1, in <module>
TypeError: object of type 'generator' has no len()
```

このように、組み込み関数len()にジェネレータを渡すと、例外TypeErrorが送出されます。自分が書いたコードで組み込み関数len()を利用していなくても、ライブラリの内部などにlen()を必要とする処理がある場合には、同様に例外が送出されます。この場合は、ジェネレータをリストやタプルに変換して利用します。

```
>>> len(list(gen(5)))
5
```

しかし、まだ落とし穴は潜んでいます。巨大なジェネレータや値を無限に返すジェネレータをリストやタプルに渡すと、メモリを圧迫したり、無限ループが発生するため注意が必要です。

```
# 値を無限に返すジェネレータ
>>> g = gen(-1)

# リストやタプルへの変換は無限ループになる
# Ctrl+Cで中断できる
>>> list(g)
```

● 複数回利用する場合

ジェネレータは、状態を保持する点も注意してください。

```
>>> g = gen(4)
>>> len(list(g))
4
>>> len(list(g))
0
```

　ここでは1回目のlen(list(g))で最後まで到達しているため、2回目以降の結果は常に0になります。同じジェネレータを何度も利用したい場合は、次のようにリストやタプルに変換したものを保持します。ただし、変換後のリストやタプルのサイズによってはメモリを圧迫するため注意が必要です。

```
>>> list_nums = list(gen(4))
>>> len(list_nums)
4
>>> len(list_nums)
4
```

ジェネレータの実例 ―― ファイルの内容を変換する

　ジェネレータの実例として、ファイルの中身を大文字に変換するプログラムを紹介します。このプログラムでは、ファイルを1行ずつ読み込むジェネレータ関数reader()を作成し、その戻り値をwriter()関数に渡します。writer()関数は、受け取ったイテレータを利用してファイルを1行ずつ読み込み、convert()関数で変換しながら、結果を新しいファイルに1行ずつ書き込んでいきます。読み込み→変換→書き込みの一連の流れを1行ずつ行うため、もとのファイルのサイズが大きくてもメモリを圧迫することなく動きます。

```
# ファイルの中身を1行ずつ読み込む
>>> def reader(src):
...   with open(src) as f:
...     for line in f:
...       yield line
...
# 行単位で実行する変換処理
>>> def convert(line):
...   return line.upper()
...
# 読み込み→変換→書き込みを1行ずつ行う
>>> def writer(dest, reader):
...   with open(dest, 'w') as f:
...     for line in reader:
...       f.write(convert(line))
...

# reader()には存在するファイルのパスを渡す
>>> writer('dest.txt', reader('src.txt'))
```

そのほかのユースケース

ジェネレータはここで紹介したように、値を無限に返したいときや大きなデータを扱いたいときに特に効果を発揮します。最近では、データ分析や機械学習などで大量のテキストデータや画像ファイルを扱うシーンが多くなっています。そのようなときこそジェネレータを利用し、行単位やファイル単位で逐次処理をするとパフォーマンスが向上します。

また、特定のユースケースに限らず、実装中のコードでリストを返している箇所があったときには、積極的にジェネレータに書き換えましょう。もしリストやタプルとして使いたい場合であっても、呼び出し元で変換すれば問題ありません。置き換えの際には、先ほど説明した注意点に気を付けましょう。

9.2
デコレータ —— 関数やクラスの前後に処理を追加する

デコレータは、関数やクラスの前後に処理を追加できる機能です[注4]。6.3節で紹介した@classmethodや@staticmethodは、このデコレータの一例です。使い方もシンプルで、関数やクラスの定義の前に@で始まる文字列を記述するだけです。

デコレータは、関数やクラスの前後に任意の処理を追加できるシンプルな機能ですが、その用途は多岐に渡ります。たとえば、次の用途でよく利用されます。

- **関数の引数チェック**
- **関数の呼び出し結果のキャッシュ**
- **関数の実行時間の計測**
- **Web API でのハンドラの登録、ログイン状態による制限**

注4　デコレータの名前は「装飾する」を意味するdecorateからきています。関数定義やクラス定義を変更せずに新たな処理を追加できる点は、まさに関数やクラスをデコレートしていると言えるでしょう。

デコレータの具体例

デコレータの具体例として、標準ライブラリから2つのデコレータを紹介します。一つは関数デコレータの`functools.lru_cache()`、もう一つはクラスデコレータの`dataclasses.dataclass()`です。

● **functools.lru_cache()** —— 関数の結果をキャッシュする関数デコレータ

標準ライブラリにある`functools.lru_cache()`は、関数の結果をキャッシュしてくれる関数デコレータです。同じ引数での呼び出し結果がすでにキャッシュされている場合は、関数を実行することなくキャッシュ済みの結果を返してくれます。関数の引数と結果の対応付けには辞書が使われるため、`@lru_cache()`を付けた関数の引数は、数値、文字列、タプルといった辞書のキーに使える不変なオブジェクトでなければいけません。

```
>>> from functools import lru_cache
>>> from time import sleep

# 最近の呼び出し最大32回分までキャッシュ
>>> @lru_cache(maxsize=32)
... def heavy_funcion(n):
...     sleep(3)  # 重い処理をシミュレート
...     return n + 1
...

# 初回は時間がかかる
>>> heavy_funcion(2)
3

# キャッシュにヒットするのですぐに結果を得られる
>>> heavy_funcion(2)
3
```

● **dataclasses.dataclass()** —— よくある処理を自動追加するクラスデコレータ

標準ライブラリの`dataclasses.dataclass()`は、クラスを対象とするクラスデコレータです。このデコレータは、対象のクラスに`__init__()`などの特殊メソッドを自動で追加してくれます。使い方は関数デコレータと同様に、クラス定義に`@dataclass`を付けるだけです。`@dataclass`を付けたクラスでは、クラス変数に5.3節で紹介した型ヒントを付けて、インスタンスの情報を宣言します。

たとえば、次のFruitクラスには`@dataclass(frozen=True)`をクラスデコレー

タとして付けています。このように引数frozenにTrueを渡すと、特殊メソッド __init__()に加えて、特殊メソッド __setattr__()も自動で追加され、読み取り専用のクラスを定義できます。このクラスのインスタンスは読み取り専用であるため、インスタンス化後は状態を変更できません。

```
>>> from dataclasses import dataclass
>>> @dataclass(frozen=True)
... class Fruit:
...     name: str  # 型ヒントを付けて属性を定義
...     price: int = 0  # 初期値も指定
...

# __init__()や__repr__()が自動で追加されている
>>> apple = Fruit(name='apple', price=128)
>>> apple
Fruit(name='apple', price=128)

# frozen=Trueとしたので読み取り専用
>>> apple.price = 256
Traceback (most recent call last):
  File "<stdin>", line 1, in <module>
  File "<string>", line 3, in __setattr__
dataclasses.FrozenInstanceError: cannot assign to field 'price'
```

このように、関数デコレータfunctools.lru_cache()もクラスデコレータ dataclasses.dataclass()もたった1行のコードを関数やクラスの定義に付けるだけで、非常に便利な機能を提供してくれます。

デコレータの実装

ここからはデコレータを実装しながら、デコレータのしくみを紹介します。先ほどの例からもわかるように、関数やクラスの前後に任意の処理を追加できるデコレータは、発想力しだいで強力な道具になります。ここでは関数デコレータを実装していきますが、クラスデコレータであってもしくみは同じです。

●シンプルなデコレータ

関数デコレータの実体は、引数に関数を1つ受け取る呼び出し可能オブジェクトです。プログラムの実行中には、関数デコレータが戻り値で返した新しい関数がもとの関数名に紐付けられます。

関数の呼び出し時にログを出力するだけのシンプルなデコレータを作ってみ

ましょう。次の例のdeco1()関数は、デコレート対象の関数fの呼び出し前後で
ログを出力するデコレータです。

```
# デコレートしたい関数を受け取る
>>> def deco1(f):
...     print('deco1 called')
...     def wrapper():
...       print('before exec')
...       v = f()  # もとの関数を実行
...       print('after exec')
...       return v
...     return wrapper
...
```

　デコレータdeco1()は関数オブジェクトwrapperを返しており、プログラムの
実行中にもとの関数が呼び出されると、もとの関数の代わりにwrapper()関数
が実行されます。

　それでは、このデコレータを使ったときの動きを見てみましょう。組み込み
関数print()の実行順を確認してください。

```
# デコレータは関数定義時に実行される
>>> @deco1
... def func():
...     print('exec')
...     return 1
...
deco1 called  # デコレータが呼び出されている

# deco1(func)の結果に置き換わっている
>>> func.__name__
'wrapper'

# func()の呼び出しはwrapper()の呼び出しになる
>>> func()
before exec
exec
after exec
1  # wrapper()の戻り値
```

　デコレータdeco1()の内部では、もとの関数をv = f()の行で呼び出していま
す。しかし、もとの関数を引数なしで呼び出すことしか想定していないため、
デコレート対象の関数が引数を必要とする場合は、次のようにエラーとなりま
す。

```
>>> @deco1
... def func(x, y):
...     print('exec')
...     return x, y
...
deco1 called

>>> func(1, 2)
Traceback (most recent call last):
  File "<stdin>", line 1, in <module>
TypeError: wrapper() takes 0 positional arguments but 2 were given
```

● 引数を受け取る関数のデコレータ

デコレータdeco1()の欠点を解消し、引数を受け取る関数にも対応させましょう。プログラムの実行中に実際に呼び出される関数はwrapper()ですので、wrapper()関数が任意の引数を受け取り、もとの関数を呼び出す際に受け取った引数をそのまま渡してあげます。

```
>>> def deco2(f):
...     # 新しい関数が引数を受け取る
...     def wrapper(*args, **kwargs):
...         print('before exec')
...         # 引数を渡してもとの関数を実行
...         v = f(*args, **kwargs)
...         print('after exec')
...         return v
...     return wrapper
...
```

それでは、このデコレータdeco2()を使ってみましょう。@deco2を付けた関数をfunc(1, 2)のように呼び出すと、実際にはwrapper(1, 2)が実行されます。wrapper()関数は、受け取った引数を使ってもとの関数呼び出しているため、先ほどの欠点は解消されました。

```
>>> @deco2
... def func(x, y):
...     print('exec')
...     return x, y
...
>>> func(1, 2)
before exec
exec
after exec
(1, 2)
```

●デコレータ自身が引数を受け取るデコレータ

　先ほど紹介した関数デコレータ funct ools.lru_cache() は、@lru_
cache(maxsize=32)のようにデコレータ自身も引数を受け取っていました。
@lru_cache()は引数maxsizeで受け取った値を利用し、デコレータの挙動を変
えています。これは、lru_cache(maxsize=32)の呼び出し結果が、デコレータ
を返すことで実現されています。つまり、デコレータを返す関数を作成すると、
あたかもデコレータ自身が引数を受け取っているかのような処理を実現できま
す。

　次のdeco3()は、@deco3(z=3)のように使えるデコレータです。deco3(z=3)の
戻り値である_deco3()関数は、デコレータdeco2()と同等のデコレータになっ
ています。

```
# 引数zを受け取る
>>> def deco3(z):
...     # deco2()と同等
...     def _deco3(f):
...         def wrapper(*args, **kwargs):
...             # ここでzを参照できる
...             print('before exec', z)
...             v = f(*args, **kwargs)
...             print('after exec', z)
...             return v
...         return wrapper
...     return _deco3  # デコレータを返す
...
```

　それでは、実際に動かしてみましょう。関数の定義時にはまず最初に
deco3(z=3)が実行され、その結果としてデコレータ_deco3()が返されます。さ
らに、デコレータ_deco3()が関数funcを引数として呼び出され、その結果
wrapper()関数がもとの関数に置き換えられます。

```
# deco3(z=3)の戻り値がデコレータの実体
# つまりfunc = deco3(z=3)(func)と同等
>>> @deco3(z=3)
... def func(x, y):
...     print('exec')
...     return x, y
...

# zに渡した値は保持されている
>>> func(1, 2)
```

```
before exec 3
exec
after exec 3
(1, 2)
```

　複数の関数でそれぞれ違う引数 z の値を使っても、それらの値は独立して記憶されます[注5]。ぜひ手もとで試してください。

● 複数のデコレータを同時に利用する

　1つの関数定義に複数のデコレータを利用できます。複数のデコレータを付けた場合は、次のように内側のデコレータから適用されていきます。

```
# 複数のデコレータを利用
>>> @deco3(z=3)
... @deco3(z=4)
... def func(x, y):
...     print('exec')
...     return x, y
...

# @deco3(z=4)が適用された結果に
# @deco3(z=3)が適用される
>>> func(1, 2)
before exec 3
before exec 4
exec
after exec 4
after exec 3
(1, 2)
```

　デコレータの内容によっては、この順番が重要になる場合があります。たとえば12.3節で紹介するデコレータ unittest.mock.patch() は、位置引数の最後に引数を追加してもとの関数を呼び出します。そのため、関数定義の引数の順番とデコレータの順番を合わせる必要があります。

● functools.wraps()でデコレータの欠点を解消する

　デコレータ deco1() を使った例では、属性 func.__name__ の値が 'wrapper' でした。しかし、実際にアプリケーションやライブラリのコードを書く際には、

注5　これは7.4節で紹介したクロージャの実例になっています。

もとの関数名がわからないと不便です。特に複数の箇所で同じデコレータを使っていると、同じ関数名で複数の処理が存在することになり、バグの原因調査が困難になります。

そこでデコレータを使う際は、標準ライブラリのデコレータ`functools.wraps()`を使い、実際に実行される関数の名前やDocstringをもとの関数のものに置き換えることが一般的です。

```
>>> from functools import wraps
>>> def deco4(f):
...   @wraps(f)  # もとの関数を引数に取るデコレータ
...   def wrapper(*args, **kwargs):
...     print('before exec')
...     v = f(*args, **kwargs)
...     print('after exec')
...     return v
...   return wrapper
...
>>> @deco4
... def func():
...   """funcです"""
...   print('exec')
...
>>> func.__name__
'func'
>>> func.__doc__
'funcです'
```

デコレータの実例 —— 処理時間の計測

デコレータの実例として、関数の処理時間を計測してみます。デコレータ`elapsed_time()`を次のように定義します。

```
>>> from functools import wraps
>>> import time
>>> def elapsed_time(f):
...   @wraps(f)
...   def wrapper(*args, **kwargs):
...     start = time.time()
...     v = f(*args, **kwargs)
...     print(f"{f.__name__}: {time.time() - start}")
...     return v
...   return wrapper
```

デコレータelapsed_time()を使うと、関数定義時に@elapsed_timeを付けるだけでその関数の処理時間を計測できます。関数のロジックに変更を加える必要もなく、複数の関数を同時に計測したり、計測対象の関数を変更したりするのも簡単です。

```
# 0からn-1までの総和を計算する関数
>>> @elapsed_time
... def func(n):
...     return sum(i for i in range(n))
...

# func()の実行結果を表示
# f-stringで数値のカンマ (,) 区切りを指定
>>> print(f'{func(1000000)=:,}')
func: 0.06933927536010742
func(1000000)=499,999,500,000
>>> print(f'{func(10000000)=:,}')
func: 0.5504651069641113
func(10000000)=49,999,995,000,000
```

そのほかのユースケース

デコレータは、組み込み関数の@classmethodや@property、標準ライブラリの@functools.lru_cacheや@dataclassなどさまざまな用途で提供されています。また、次のような多くのサードパーティのライブラリやフレームワークがAPIとしてデコレータを提供しています。

- Webフレームワークの Flask では、@app.route('/')を付けて Web APIのハンドラを指定
- Webフレームワークの Django では、@login_requiredを付けて Web APIの実行を制限
- CLI (*Command Line Interface*) ツール作成ライブラリの Click では、@click.command()を付けた関数がコマンドになる

9.3
コンテキストマネージャー
—— with文の前後で処理を実行するオブジェクト

with文に対応したオブジェクトをコンテキストマネージャーと呼びます。コンテキストマネージャーを利用している代表例は、3.4節で紹介した組み込み関数open()です[注6]。with文はよくtry:finally:の置き換えで利用されますが、その本質はサンドイッチのように、ある処理の前後の処理をまとめて再利用可能にしてくれる点にあります[注7]。

コンテキストマネージャーの具体例

コンテキストマネージャーの動きを組み込み関数open()で見ていきましょう。次の例は、組み込み関数open()を使ってファイルへの書き込みを行う一般的なコードです。

```
# 第二引数で書き込みモードを指定
>>> with open('some.txt', 'w') as f:
...     f.write('python')
...
6  # 書き込まれたバイト数
>>> f.closed
True
```

with文のブロックを抜けたあとでは、ファイルはクローズされています。続いて、ブロック内で例外を発生させてみます。

```
>>> with open('some.txt', 'w') as f:
...     f.read()  # 書き込みモードなので例外になる
...
Traceback (most recent call last):
  File "<stdin>", line 2, in <module>
io.UnsupportedOperation: not readable

# 例外発生時もクローズされている
```

注6　open()自体はコンテキストマネージャーではなく、あくまでもコンテキストマネージャーを返す関数です。

注7　このサンドイッチのたとえは、PyCon US 2013のキーノートスピーチでPython Core Developerのひとりである Raymond Hettinger 氏が出したものです。https://www.youtube.com/watch?v=NfngrdLv9ZQ

```
>>> f.closed
True
```

　例外が発生したにもかかわらず、ファイルはクローズされています。つまり、
組み込み関数open()をwith文とともに利用すると、次のようにtry:finally:
を使ったコードと同等の制御が行われることになります。

```
>>> try:
...     f = open('some.txt', 'w')
...     f.read()  # 書き込みモードなので例外になる
... finally:
...     f.close()
...
Traceback (most recent call last):
  File "<stdin>", line 3, in <module>
io.UnsupportedOperation: not readable

# 例外発生時もクローズされた
>>> f.closed
True
```

　ファイルの破損を防止するためにも、ファイルをオープンした際は処理完了
や例外発生時に必ずファイルをクローズする必要があります。つまり、
try:finally:で囲むことは組み込み関数open()を呼び出す際の定型処理であ
り、with文を使うとこの定型処理を自動で行ってくれます。
　ただし、with文でできることはtry:finally:で囲むことだけではありませ
ん。with文に対応するコンテキストマネージャーと呼ばれるオブジェクトには、
ある処理の前後に行う任意の処理を実装できます。

コンテキストマネージャーの実装

　それでは、コンテキストマネージャーを実装していきましょう。with文は
with コンテキストマネージャー: という構文となっています。コンテキストマ
ネージャーの実体は__enter__()と__exit__()の2つの特殊メソッドを実装し
たクラスのインスタンスです。

● **__enter__()、__exit__()** —— with文の前後に呼ばれるメソッド
　コンテキストマネージャーでは、withブロックに入る際に呼ばれる前処理を

特殊メソッド __enter__() に、withブロックを抜ける際に呼ばれる後処理を特殊メソッド __exit__() に記述します。実際にコンテキストマネージャーを定義すると、次のようになります。

```
# このクラスのインスタンスがコンテキストマネージャー
>>> class ContextManager:
...     # 前処理を実装
...     def __enter__(self):
...       print('__enter__ was called')
...     # 後処理を実装
...     def __exit__(self, exc_type, exc_value, traceback):
...       print('__exit__ was called')
...       print(f'{exc_type=}')
...       print(f'{exc_value=}')
...       print(f'{traceback=}')
...

# withブロックが正常終了の場合は
# __exit__()の引数はすべてNone
>>> with ContextManager():
...   print('inside the block')
...
__enter__ was called
inside the block
__exit__ was called
exc_type=None
exc_value=None
traceback=None
```

●with文と例外処理

もしwithブロック内から例外が送出された場合は、特殊メソッド __exit__() の引数でその情報を受け取れます。例外の再送出を抑制する場合は特殊メソッド __exit__() でTrueを返しますが、そうでない場合は自動で再送出されます。つまり、特殊メソッド __exit__() 内ではraise文は不要です。次の例では例外が再送出されているため、実行後にトレースバック情報が表示されています。

```
# withブロック内で例外が発生した場合は
# その情報が__exit__()に渡される
>>> with ContextManager():
...   1 / 0
...
__enter__ was called
__exit__ was called
```

```
exc_type=<class 'ZeroDivisionError'>
exc_value=ZeroDivisionError('division by zero')
traceback=<traceback object at 0x109322400>
Traceback (most recent call last):
  File "<stdin>", line 2, in <module>
ZeroDivisionError: division by zero
```

● **asキーワード** —— __enter__()の戻り値を利用する

コンテキストマネージャーからwithブロックに渡したい値がある場合は、その値を特殊メソッド__enter__()の戻り値にするとasキーワードで受け取れます。戻り値の有無に関わらず、利用しない場合はasキーワードを省略できます。

```
>>> class ContextManager:
...     # 戻り値がasキーワードに渡される
...     def __enter__(self):
...         return 1
...     def __exit__(self, exc_type, exc_value, traceback):
...         pass
...
>>> with ContextManager() as f:
...     print(f)
...
1

# asキーワードの省略
>>> with ContextManager():
...     pass
...
>>>
```

withブロック内から任意の値を特殊メソッド__exit__()に直接渡す方法はありません。そういった要望がある場合は、次のようにインスタンス変数などを介する必要があります。

```
>>> class Point:
...     def __init__(self, **kwargs):
...         self.value = kwargs
...     def __enter__(self):
...         print('__enter__ was called')
...         return self.value  # as節で渡される
...     def __exit__(self, exc_type, exc_value, traceback):
...         print('__exit__ was called')
```

```
...     print(self.value)
...
>>> with Point(x=1, y=2) as p:
...     print(p)
...     p['z'] = 3
...
__enter__ was called
{'x': 1, 'y': 2}
__exit__ was called
{'x': 1, 'y': 2, 'z': 3}
```

● **contextlib.contextmanagerでシンプルに実装する**

コンテキストマネージャーは定型処理をまとめるために役立つ機能ですが、コンテキストマネージャーの実装もまた、そのほとんどが定型処理です。標準ライブラリのデコレータcontextlib.contextmanagerは、この定型処理をカプセル化してくれます。これを使うと、@contextmanagerを付けたジェネレータ関数を1つ記述するだけで、コンテキストマネージャーを作成できます。

デコレータcontextlib.contextmanagerとジェネレータ関数を使って、先ほどのPointクラスと同等のコンテキストマネージャーを実装すると、次のようになります。

```
>>> from contextlib import contextmanager
>>> @contextmanager
... def point(**kwargs):
...     print('__enter__ was called')
...     value = kwargs
...     try:
...         # yield式より上が前処理
...         # valueがasキーワードに渡される
...         yield value
...         # yield式より下が後処理
...     except Exception as e:
...         # エラー時はこちらも呼ばれる
...         print(e)
...         raise
...     finally:
...         print('__exit__ was called')
...         print(value)
...
```

デコレータcontextmanagerを付けたジェネレータ関数を用意し、yield式よ

り前に前処理を、後ろに後処理を記述しています。また、yield式に値を渡すとその値はasキーワードに渡されます。withブロック内で例外が発生した際には、その例外は通常通り伝搬されてきます。したがって、後処理を適切に行うためにも yield式の行は必ずtry:finally: を利用して実行してください。

このジェネレータ関数point()をwith文で実行すると、先ほどのクラスベースのコンテキストマネージャーと同じ結果が得られます。

```
>>> with point(x=1, y=2) as p:
...     print(p)
...     p['z'] = 3
...
__enter__ was called
{'x': 1, 'y': 2}
__exit__ was called
{'x': 1, 'y': 2, 'z': 3}
```

コンテキストマネージャーの実例 —— 一時的なログレベルの変更

コンテキストマネージャーという名前にふさわしい実例を1つ紹介します。次の内容でdebug_context.pyを用意します。

```
debug_context.py
import logging
from contextlib import contextmanager

logger = logging.getLogger(__name__)
logger.addHandler(logging.StreamHandler())

# デフォルトをINFOレベルとし、DEBUGレベルのログは無視する
logger.setLevel(logging.INFO)

@contextmanager
def debug_context():
    level = logger.level
    try:
        # ログレベルを変更する
        logger.setLevel(logging.DEBUG)
        yield
    finally:
        # もとのログレベルに戻す
        logger.setLevel(level)

def main():
```

```
    logger.info('before: info log')
    logger.debug('before: debug log')

    # DEBUGログを見たい処理をwithブロック内で実行する
    with debug_context():
        logger.info('inside the block: info log')
        logger.debug('inside the block: debug log')

    logger.info('after: info log')
    logger.debug('after: debug log')

if __name__ == '__main__':
    main()
```

このコードの変数loggerは、自身に設定されているログレベル未満のログを
無視します。ログレベルとはログの重要度を表す値です。標準ライブラリの
loggingモジュールでは重要度の低い順にDEBUG、INFO、ERRORなど複数のログ
レベルが定義されています[注8]。

このコードでは最初にINFOレベルを指定しているため、DEBUGレベルのログ
を出力するlogger.debug()のログは無視されます。しかし、withブロック内に
限っては、一時的にログレベルをDEBUGレベルまで引き下げているため、with
ブロック内で実行したlogger.debug()のログは特別に出力されます。実際にこ
のスクリプトを実行すると、次の出力結果を得られます。

```
$ python3 debug_context.py
before: info log
inside the block: info log
inside the block: debug log
after: info log
```

そのほかのユースケース

コンテキストマネージャーは、ある処理の前後の処理をまとめて、再利用可
能にしてくれます。この視点で見ると、活用できるシーンは非常に多いです。
たとえば、次の処理はコンテキストマネージャーを使って実現できます。

注8　loggingモジュールで利用されるログレベルの実体は数値です。https://docs.python.org/ja/3/
　　　library/logging.html#levels

- 開始／終了のステータス変更や通知
- ネットワークやDBの接続／切断処理

また、標準ライブラリの中にもwithブロック内のみ標準出力への出力をリダイレクトするcontextlib.redirect_stdout、withブロック内のみ特定のオブジェクトをモックに差し替えるunittest.mock.patchなどがコンテキストマネージャーとして提供されています。

9.4
デスクリプタ —— 属性処理をクラスに委譲する

ここではデスクリプタと呼ばれる機能を紹介します。デスクリプタは一言で説明することが難しいため、まずはデスクリプタが使えるシーンから説明します。
　文字列しか設定されたくないインスタンス変数text_fieldを持つクラスを考えます。これは、6.2節で紹介したプロパティを使ってtext_fieldを定義し、そのsetter内で文字列以外の代入をガードすると実現できます。
　しかし、多くのクラスでこのプロパティtext_fieldが必要になったときに、それぞれのクラスにガード処理を持たせるのは好ましくありません。このようなときに使えるのがデスクリプタです。このユースケースでは、ガード処理を実装したデスクリプタをTextFieldクラスとして定義し、そのインスタンスを各クラスから利用するとガード処理の実装を1ヵ所にまとめられます。
　デスクリプタを使うと、このようにプロパティを使って実現していた属性処理を、クラスとして再利用可能な形で定義できます。

デスクリプタの具体例

　デスクリプタのしくみは後述しますので、まずはデスクリプタの具体例を見ていきましょう。実はプロパティを作るときに使っていた@propertyはデスクリプタとして実装されています[注9]。これは次のように属性一覧を確認するとわかります。特殊メソッド__get__()、__set__()、__delete__()のうちいずれか1

注9　公式ドキュメントの「デスクリプタ HowTo ガイド」にはproperty()のより詳細な解説があります。
　　　https://docs.python.org/ja/3/howto/descriptor.html#properties

つ以上でも持っていれば、そのオブジェクトはデスクリプタと呼ばれます。

```
# デスクリプタが持つメソッドが定義されている
>>> dir(property())
[... '__delete__', ... '__get__', ... '__set__', ...]

# propertyの実体はクラスとして定義されている
>>> type(property())
<class 'property'>
```

 通常のメソッドもまたデスクリプタとして定義されています[注10]。このように
デスクリプタはPythonを支えている技術の1つといっても過言ではありません。

```
>>> class A:
...     def f(self):
...         pass
...

# デスクリプタが持つメソッドが定義されている
>>> dir(A.f)
[... '__get__', ...]

# メソッドはfunctionクラス
>>> type(A.f)
<class 'function'>
```

 ちなみに、デスクリプタの中でも__set__()、__delete__()のいずれかまた
は両方を持つものはデータデスクリプタと呼ばれ、__get__()しか持たないも
のは非データデスクリプタと呼ばれます。先ほど確認したpropertyクラスは、
__get__()のほかに__set__()と__delete__()も持っているためデータデスク
リプタですが、メソッドの実体であるfunctionクラスは__get__()しか持って
いないため非データデスクリプタになります。

デスクリプタの実装

 デスクリプタのインスタンスをクラス変数として利用すると、そのクラス変
数をインスタンス変数かのように扱えます。属性の取得や代入、削除時にはデ
スクリプタが実装している__get__()や__set__()、__delete__()の対応するメ

注10 関数とメソッドについても公式ドキュメントの「デスクリプタ HowTo ガイド」により詳細な解説が
あります。https://docs.python.org/ja/3/howto/descriptor.html#functions-and-methods

ソッドが呼ばれます。

　ここからは、実際にデスクリプタを作成していきます。なお、__delete__()は __set__()や__get__()ほど重要ではないため、ここではその詳細には触れません。

● **__set__()を実装する** —— データデスクリプタ

　__set__()を実装したデスクリプタはデータデスクリプタと呼ばれ、属性代入時の処理をオーバーライドします。このことからデータデスクリプタは、オーバーライドデスクリプタとも呼ばれます。

　冒頭のTextFieldクラスをデータデスクリプタとして定義すると、次のようになります。コードの詳細は実際に動かしながら見ていきましょう。

```
# __set__()を持つクラスはデータデスクリプタ
>>> class TextField:
...     def __set_name__(self, owner, name):
...       print(f'__set_name__ was called')
...       print(f'{owner=}, {name=}')
...       self.name = name
...     def __set__(self, instance, value):
...       print('__set__ was called')
...       if not isinstance(value, str):
...         raise AttributeError('must be str')
...       # ドット記法ではなく属性辞書を使って格納
...       instance.__dict__[self.name] = value
...     def __get__(self, instance, owner):
...       print('__get__ was called')
...       return instance.__dict__[self.name]
...
```

　このデスクリプタを利用するBookクラスを、次のように定義します。デスクリプタを利用するクラスでは、デスクリプタのインスタンスをクラス変数として利用します。このとき、デスクリプタの特殊メソッド__set_name__()には、そのデスクリプタを利用するクラスオブジェクトとデスクリプタに割り当てられた変数名が渡されてきます。ここでは、Bookクラスと文字列'title'が渡されています。

```
>>> class Book:
...     title = TextField()
...
__set_name__ was called
owner=<class '__main__.Book'>, name='title'
```

Bookクラスを利用する際には、クラス変数titleをあたかもインスタンス変数であるかのように扱います。

```
>>> book = Book()

# 代入時には__set__()が呼ばれる
>>> book.title = 'Python Practice Book'
__set__ was called

# 取得時には__get__()が呼ばれる
>>> book.title
__get__ was called
'Python Practice Book'

# 別のインスタンスを作成して代入
>>> notebook = Book()
>>> notebook.title = 'Notebook'
__set__ was called

# それぞれデータを保持している
>>> book.title
__get__ was called
'Python Practice Book'
>>> notebook.title
__get__ was called
'Notebook'
```

book.title = 'Python Practice Book' のような代入時には、デスクリプタの __set__()にインスタンス(ここではbook)と代入したい値(ここでは'Python Practice Book')が渡されます。問題がなければ、インスタンスの属性辞書に代入したい値が格納されます。もし __set__()の中で属性辞書を使わずにドット(.)記法を使ってしまうと、__set__()が再帰的に呼び出されるので注意してください。

また、TextFieldsクラスの __set__()では、値が文字列の場合のみ代入しそれ以外の場合は例外AttributeErrorを送出しています。

実際に文字列以外が代入できないことも確認してみましょう。

```
# 文字列以外は代入できない
>>> book.title = 123
__set__ was called
Traceback (most recent call last):
  File "<stdin>", line 1, in <module>
  File "<stdin>", line 8, in __set__
AttributeError: must be str
```

● **__get__()のみを実装する** —— 非データデスクリプタ

　__get__()のみを実装したデスクリプタは、非データデスクリプタと呼ばれます。非データデスクリプタは非オーバーライドデスクリプタとも呼ばれ、その優先度はインスタンス変数よりも低く設定されています。そのため、同じ名前のインスタンス変数がある場合にはそちらが利用され、__get__()は呼ばれません。

　ここでは、TextFieldクラスを非データデスクリプタとして実装しました。非データデスクリプタは__set__()を持たないため、初期化時にタイトル文字列を渡しています。

```
# __get__()のみであれば非データデスクリプタ
>>> class TextField:
...     def __init__(self, value):
...         if not isinstance(value, str):
...             raise AttributeError('must be str')
...         self.value = value
...     def __set_name__(self, owner, name):
...         print(f'__set_name__ was called')
...         print(f'{owner=}, {name=}')
...         self.name = name
...     def __get__(self, instance, owner):
...         print('__get__ was called')
...         return self.value
...
>>> class Book:
...     title = TextField('Python Practice Book')
...
__set_name__ was called
owner=<class '__main__.Book'>, name='title'
```

　非データデスクリプタは、属性代入時の挙動には何も影響しません。そのため、代入を行うと通常のインスタンス変数が定義されることになります。優先度の関係から、インスタンス変数が定義されたあとは非データデスクリプタの__get__()は呼ばれなくなります。

```
>>> book = Book()

# 代入前の取得時には__get__()が呼ばれる
>>> book.title
__get__ was called
'Python Practice Book'
```

```
# 代入するとインスタンス変数になる
>>> book.title = 'Book'

# インスタンス変数があると__get__()は呼ばれない
>>> book.title
'Book'
```

デスクリプタの実例 —— プロパティのキャッシュ

データデスクリプタのユースケースは冒頭で紹介したため、ここでは非データデスクリプタの性質を利用したキャッシュのしくみを紹介します。

次のLazyPropertyクラスは、デコレータとして利用される非データデスクリプタです。このデスクリプタでは、__get__()の中でもとの関数を実行し、その結果をインスタンスの属性辞書に格納することでインスタンス変数を定義しています。したがって、2回目以降の呼び出しではインスタンス変数がすでに定義されていることになり、__get__()は呼び出されません。

```
>>> class LazyProperty:
...     def __init__(self, func):
...         self.func = func
...         self.name = func.__name__
...     def __get__(self, instance, owner):
...         if not instance:
...             # クラス変数としてアクセスされたときの処理
...             return self
...         # self.funcは関数なので明示的にインスタンスを渡す
...         v = self.func(instance)
...         instance.__dict__[self.name] = v
...         return v
...
```

それでは、このデスクリプタLazyPropertyを利用し、その挙動を確認してみましょう。@LazyPropertyを付けたbook.priceは、計算が初回のみしか行われていないことが確認できます。

```
>>> TAX_RATE = 1.10
>>> class Book:
...     def __init__(self, raw_price):
...         self.raw_price = raw_price
...     @LazyProperty
...     def price(self):
```

```
...        print('calculate the price')
...        return int(self.raw_price * TAX_RATE)
...
>>> book = Book(1980)
>>> book.price
calculate the price
2178
>>> book.price
2178
```

　また、次のようにクラスオブジェクトからデスクリプタにアクセスすると、
__get__()の引数instanceにはNoneが渡されてきます。属性アクセスだけで例
外が発生するのは好ましくないため、行いたい処理がなければ自分自身を返し
ておきましょう。

```
>>> Book.price
<__main__.LazyProperty object at 0x10e74dbe0>
```

そのほかのユースケース

　デスクリプタは前述したようにメソッドやプロパティ、クラスメソッドなど
で利用されています。また、次のフレームワークやライブラリが提供するO/R
マッパでも利用されています。O/Rマッパとは、データベースのデータとプロ
グラミング言語のオブジェクトのマッピングを行うものを指します。

- WebフレームワークDjangoのdjango.db.models.CharField()や
  django.db.models.TextField()など
- 汎用のO/RマッパライブラリであるSQLAlchemyのsqlalchemy.
  Column()

　ここで紹介したO/Rマッパは、内部でデータベースの各種データ型と対応す
るクラスをデスクリプタとして定義しており、それらを使って定義されたモデ
ルのインスタンスは、属性処理が細かく制御されています。

9.5
本章のまとめ

　本章ではジェネレータ、デコレータ、コンテキストマネージャー、デスクリプタの4つの機能を紹介しました。実現したい機能に合わせてこれらを適切に活用すると、より簡潔でPythonらしいコードを書けます。

　また、これらの機能はユーザーに提供されているだけでなく、Python自体や標準ライブラリでも広く活用しています。特に標準ライブラリは、生きたサンプルコードと言っても過言ではありません。実装の際にはぜひ、標準ライブラリのコードを参考にしてみてください[注11]。

注11　標準ライブラリのコードはPythonのインストール時に付属しています。また、GitHubのpython/cpythonリポジトリでも確認できます。https://github.com/python/cpython/tree/master/Lib

第 **10** 章

並行処理

　並行処理とは、複数の処理を同時に行うことを指します。並行処理は、複雑で学習コストの高い分野ですが、プログラム実行時のパフォーマンスを向上させるためには避けては通れません。

　本章では、Pythonで並行処理を実現するための選択肢として、マルチスレッドを使う方法、マルチプロセスを使う方法、イベントループを使う方法の3つの方法を説明します。

10.1
並行処理と並列処理 —— 複数の処理を同時に行う

　並行処理とは、複数の処理を同時に行うことを指す用語です。並行処理と似た用語に並列処理もあるため、ここでは並行処理、並列処理、そして逐次処理の違いを説明します。

　本章を読み進めるためには、厳密な言葉の定義よりもイメージを持つことが重要です。そのため、3本の記事を書く作業を例に説明します。この例では、記事を書く人がCPUのコアに、記事を書く作業が各スレッド上でコアが処理する内容に対応します。

　なお、本章で出てくるスレッドとプロセスは、どちらも処理の単位を表す用語です。プログラムが実行されるときには、プロセスが作成されてCPUやメモリなどのリソースが割り当てられます。各プロセスの中では、1つ以上のスレッドにより処理が行われています。

逐次処理で実行する

　まずは、逐次処理から説明します。最初の記事を書き上げてから次の記事に取りかかり、その記事を書き上げてから最後の記事に取りかかる進め方は逐次処理と呼ばれます（**図10.1**）。シングルコア、シングルスレッドで処理を行う場合はこれに該当します。Pythonのプログラムでは、意識的に並行処理として実装しない限りは常に逐次処理となります。

並行処理で実行する

　3本の記事を1人で少しずつ進めていくと、その進め方は並行処理（*Concurrent*

processing)と呼ばれます（**図10.2**）。ある瞬間を切り取ると1つの記事に集中していますが、長い目で見ると複数の記事が同時に進んでいると言えます。Pythonのプログラムでは、マルチスレッドを利用する場合はこれに該当します。

並列処理で実行する

友人2人に声をかけ、1人1記事ずつ3本同時に進めるとその進め方は並列処理（*Parallel processing*）と呼ばれます（**図10.3**）。並列処理では、ある瞬間を切り取

図10.1 逐次処理で記事を書く

図10.2 並行処理で記事を書く

図10.3 並列処理で記事を書く

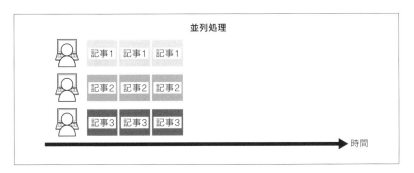

ったとしても複数の処理が同時に行われています。Pythonのプログラムでは、マルチコアでマルチプロセスを利用する場合はこれに該当します。

なお、並列処理は先ほどの並行処理に包含される概念です。つまり、並列処理は並行処理でもありますが、並行処理だからといって並列処理であるとは限りません。

Pythonと並行処理

ここまで説明してきたように、並行処理はマルチスレッドやマルチプロセスを用いて実現します。また、もう一つの方法として、本章の後半で紹介するイベントループも利用できます。並行処理を導入する際、どの方法が適しているかはその処理がCPUバウンドな処理かI/Oバウンドな処理かに依存します。それぞれの特徴は次のとおりです。

- **CPUバウンドな処理**
  暗号化（復号）、数値計算などCPUのリソースを使って計算を行う処理
  複数のコアを同時に使って並列処理を行えるマルチプロセスが有効
  PythonにはGILがあるため、マルチスレッド、イベントループによる処理高速化は期待できない

- **I/Oバウンドな処理**
  データベースへの接続、Web APIの利用など通信による待ち時間が発生する処理
  マルチプロセス、マルチスレッド、イベントループいずれも有効
  どの方法を選択するかはオーバーヘッドや実装しやすさを考慮して決める

一般的に、実行時のオーバーヘッドは大きいものから順にマルチプロセス、マルチスレッド、イベントループとなります。実装のしやすさに関しては、本章でそれぞれの具体的な実装方法を解説していくため、実際に触りながらご自身の手で感覚をつかんでください。

● 並行処理と非同期処理の関係

Pythonでは通常、関数やメソッドを呼び出すと、呼び出した先の処理がすべて完了するまで、呼び出し元は次の処理に進めません。このような処理は、一般に同期処理と呼ばれます。

一方、非同期処理では、呼び出した先の処理が実行中であっても、呼び出し元は次の処理に進められます。呼び出した先の結果が得られる前に呼び出し元は先に進んでいるため、処理の完了通知や結果はコールバック関数などを利用

して呼び出し元に伝えられます。呼び出し元と呼び出し先が同時に処理を実行しているため、非同期処理を利用しているときには、並行処理になっていると言えます。

10.2
concurrent.futuresモジュール
── 並行処理のための高水準インタフェース

concurrent.futuresモジュールは、並行処理を行うための標準ライブラリです。並行処理で実行したい処理を渡すと、その処理を後述するfutureオブジェクトにカプセル化し、非同期処理として実行してくれます。高レベルに抽象化されたAPIを提供しているため、マルチスレッドとマルチプロセスをほぼ同じコードで実装できます。以前はマルチスレッドを扱う場合はthreadingモジュールが、マルチプロセスを扱う場合はmultiprocessingモジュールが主流でしたが、現在ではどちらの場合であってもconcurrent.futuresモジュールを使うとよいでしょう。

concurrent.futuresモジュールを利用するには、次の2つのクラスを知る必要があります。そのクラスとはconcurrent.futures.Futureクラスとconcurrent.futures.Executorクラスです。

C o l u m n

マルチスレッドとGIL

Pythonでマルチスレッドを利用する際に出てくるキーワードにGIL（*Global Interpreter Lock*）[注a]があります。GILはその名のとおりPythonインタプリタ全体で共有されるロック機構です。複数のスレッドがある場合でも、このGILを取得した一つのスレッドのみがPythonのバイトコードを実行できる設計になっています[注b]。Pythonにはこのしくみがあるため、マルチスレッドによる並行処理ではCPUバウンドな処理に対しての高速化は期待できません。

注a　https://docs.python.org/ja/3/glossary.html#term-global-interpreter-lock
注b　GILの有無は処理系によって異なります。GILのない処理系にはJythonやIronPythonなどがあります。

Futureクラスと Executorクラス —— 非同期処理のカプセル化と実行

concurrent.futures モジュールでは、非同期に行いたい処理を呼び出し可能オブジェクトとして扱います。この呼び出し可能オブジェクトを Executor クラスのメソッド submit() に渡すと、その処理の実行がスケジューリングされてFuture クラスのインスタンスが返されます。

なお、Executor クラスは API を定義するための抽象クラスです。そのため、実際に利用するときは具体的な処理が記述された具象サブクラスである ThreadPoolExecutor クラスや ProcessPoolExecutor クラスを用います。

```
# ThreadPoolExecutorはExecutorの具象サブクラス
>>> from concurrent.futures import (
...     ThreadPoolExecutor,
...     Future
... )

# 非同期に行いたい処理
>>> def func():
...     return 1
...

# 非同期に行いたい処理をsubmit()に渡す
>>> future = ThreadPoolExecutor().submit(func)
>>> isinstance(future, Future)
True
```

Future クラスのインスタンスである future は、スケジューリングされた呼び出し可能オブジェクトをカプセル化したもので、その名のとおり実行が先送りされていることを表現しています。実際に処理が実行されるまで結果は存在しませんが、別スレッドや別プロセスにて処理が実行されたあとには、メソッド future.result() で呼び出し可能オブジェクトからの戻り値を取得できます。また、同じく future.done() や future.running()、future.cancelled() などの各メソッドで現在の状態を取得できたり、実行前であれば future.cancel() でキャンセルもできます。

```
# 非同期で実行した処理の戻り値を取得
>>> future.result()
1

# 現在の状態を確認する
>>> future.done()
True
```

```
>>> future.running()
False
>>> future.cancelled()
False
```

　いつどのスレッド(またはプロセス)に処理をさせるかというスケジューリングを行うのは、あくまでも concurrent.futures モジュールの仕事です。したがって、ユーザーが行うのは Executor クラスのメソッド submit() を呼び出して、処理の非同期実行のスケジューリングを依頼することだけです。Future クラスのインスタンスは、スケジューリングされた結果として作成されるため、ユーザーが直接インスタンス化することはありません。

ThreadPoolExecutorクラス —— スレッドベースの非同期実行

　Executor クラスは、非同期実行のための API を定義した抽象クラスですので、実際に非同期処理を行う際には具象サブクラスが必要です。マルチスレッドで非同期処理を行う場合、具象サブクラスには concurrent.futures.ThreadPoolExecutor クラスを利用します。

●スレッドベースの非同期実行が効果的なケース

　前述したように I/O バウンドな処理では、マルチスレッド化は有効な選択肢になります。I/O を伴う処理は、その処理にかかる時間がハードウェアやネットワークなどの外部に依存します。そのため、プログラムを書き換えても個々の処理の高速化は期待できません。しかし、複数の処理がある場合は非同期実行で並行化すると、通信中の待ち時間を有効活用できて合計時間を短縮できます(**図10.4**)。また、GIL も I/O を伴う処理をする場合には解放される設計になっています。マルチプロセス処理でも合計時間を短縮できますが、スレッドにはプロセスよりもオーバーヘッドが小さいメリットがあります。

ThreadPoolExecutorクラスを利用したマルチスレッド処理の実例

　それでは、ThreadPoolExecutor クラスを使ってマルチスレッド処理を実装してみましょう。ここでは複数のサイトのトップページをダウンロードする処理を考えます。ダウンロード処理は待ち時間が発生する I/O 処理の典型的な例です。比較のため、まずは逐次処理で実装し、その後マルチスレッド処理に変更します。

図10.4 マルチスレッド化で高速化できる処理

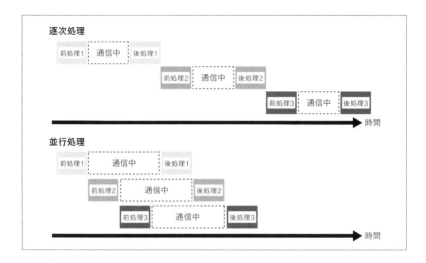

　次のdownload()関数は、URLを1つ受け取りそのページをファイルに保存する関数です。このように個々の要素に対して行う処理を1つの関数にしておくと、並行処理への変更が楽になります。

```
# 対象ページのURL一覧
>>> urls = [
...     'https://twitter.com',
...     'https://facebook.com',
...     'https://instagram.com',
... ]
>>> from hashlib import md5
>>> from pathlib import Path
>>> from urllib import request
>>> def download(url):
...     req = request.Request(url)
...     # ファイル名に/などが含まれないようにする
...     name = md5(url.encode('utf-8')).hexdigest()
...     file_path = './' + name
...     with request.urlopen(req) as res:
...         Path(file_path).write_bytes(res.read())
...     return url, file_path

# 動きを確認
>>> download(urls[0])
('https://twitter.com', './be8b09f7f1f66235a9c91986952483f0')
```

● **逐次処理で実装**

まずは、逐次処理で行う場合の時間を計測します。所要時間の計測には、9.2
節で実装したデコレータ elapsed_time() を使います。

```
>>> import time
>>> def elapsed_time(f):
...   def wrapper(*args, **kwargs):
...     st = time.time()
...     v = f(*args, **kwargs)
...     print(f"{f.__name__}: {time.time() - st}")
...     return v
...   return wrapper
...
>>> @elapsed_time
... def get_sequential():
...   for url in urls:
...     print(download(url))
...
>>> get_sequential()
('https://twitter.com', './be8b09f7f1f66235a9c91986952483f0')
('https://facebook.com', './a023cfbf5f1c39bdf8407f28b60cd134')
('https://instagram.com', './09f8b89478d7e1046fa93c7ee4afa99e')
get_sequential: 4.617510080337524
```

3つのサイトのトップページを取得するのに、筆者の環境では4.6秒ほどかか
りました。

● **マルチスレッドで実装**

それでは、この処理をマルチスレッドで並行化してみましょう。次の get_
multi_thread() 関数は、マルチスレッドを利用しています。

```
>>> from concurrent.futures import (
...   ThreadPoolExecutor,
...   as_completed
... )
>>> @elapsed_time
... def get_multi_thread():
...   # max_workersのデフォルトはコア数x5
...   with ThreadPoolExecutor(max_workers=3) as executor:
...     futures = [executor.submit(download, url)
...                for url in urls]
...     for future in as_completed(futures):
...       # 完了したものから取得できる
```

```
...        print(future.result())
...
```

ThreadPoolExecutorクラスのインスタンスはコンテキストマネージャーになっているので、with文を利用できます。また、インスタンス化の際には引数max_workersで最大スレッド数を指定できます。

非同期実行する処理はメソッドexecutor.submit()で登録します。もし呼び出し時に渡したいパラメータがある場合は、第二引数以降で指定します。

非同期処理の実行結果は、executor.submit()の戻り値のメソッドresult()を呼び出すと取得できます。ただし、まだ処理が完了していない場合には結果がNoneとなるため、ここではas_completed()関数を利用しています。as_completed()関数は、処理が完了したものから順に返してくれるため、ブロック内でメソッドresult()を呼び出すと結果を効率的に取り出せます。もし非同期実行の際に例外が送出されていた場合には、メソッドresult()の呼び出し時にその例外が送出されます。

それでは、実行してみましょう。

```
>>> get_multi_thread()
('https://twitter.com', './be8b09f7f1f66235a9c91986952483f0')
('https://instagram.com', './09f8b89478d7e1046fa93c7ee4afa99e')
('https://facebook.com', './a023cfbf5f1c39bdf8407f28b60cd134')
get_multi_thread: 1.5012609958648682
```

筆者の環境では1.5秒ほどになりました。逐次処理に比べて速くなっています。これはマルチスレッド化でリクエストのレスポンスを待つことなく、次々とリクエストを投げているためです。

●マルチスレッドの注意点

逐次処理では問題なく動くコードであっても、マルチスレッドにすると期待通りに動かなくなる場合があります。そのようなコードは、マルチスレッドで実行しても安全な実装、いわゆるスレッドセーフな実装に変更する必要があります。ここでは、実際にマルチスレッド化により生じる問題を体験し、その問題に対応するためにスレッドセーフな実装に変更する例を紹介します。

●マルチスレッドでの動作に問題がある実装

次のコードは、2つのスレッドがそれぞれ1,000,000回ずつカウンタをインク

リメントしています。ただし、このコードはスレッドセーフな実装になっておらず、処理完了後のカウンタの値が2,000,000になっていません。

　この原因となっているコードは、インクリメントを行っている self.count = self.count + 1の1行です。コードは1行ですが、その裏では「現在の値を読み取る」「1を足す」「結果を代入する」の一連の処理が行われています。この一連の処理の途中でスレッドが切り替わってしまうと、インスタンス変数self.countに2つのスレッドが同時にアクセスする状況が発生し、不整合な状態が生じます（**図10.5**）。このように、複数のスレッドが同時に同じオブジェクトにアクセスすると、期待通りに動かない場合があり危険です。

```
>>> from concurrent.futures import (
...     ThreadPoolExecutor,
...     wait
... )
>>> class Counter:
...     def __init__(self):
...         self.count = 0
...     def increment(self):
...         self.count = self.count + 1
...
>>> def count_up(counter):
...     # 1,000,000回インクリメントする
...     for _ in range(1000000):
...         counter.increment()
...
>>> counter = Counter()
>>> threads = 2
>>> with ThreadPoolExecutor() as e:
...     # 2つのスレッドを用意し、それぞれでcount_upを呼び出す
...     futures = [e.submit(count_up, counter)
...                for _ in range(threads)]
...     done, not_done = wait(futures)
...

# 数値をカンマ区切りで表示
# 2,000,000にはなっていない
>>> print(f'{counter.count=:,}')
counter.count=1,553,774
```

● スレッドセーフな実装

　それでは、この問題を解決し、スレッドセーフなカウンタを実装しましょう。ここでは、threading.Lockオブジェクトを使い、ロックによる排他制御を取り

図10.5 スレッドセーフになっていない実装の挙動

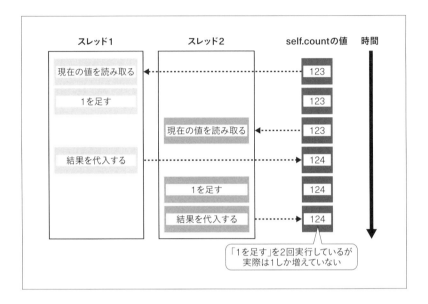

入れます。ロックによる排他制御のしくみはシンプルで、ロックを獲得したスレッドのみが処理を実行できます。あるスレッドがロックを獲得している場合、そのロックが解放されるまでは、ほかのスレッドによるロックの獲得はブロックされます。したがって、排他制御を行いたい箇所でロックを獲得し、処理が終わったら速やかにロックを解放します。ロックの解放漏れを防ぐためにも、Lockオブジェクトはwith文とともに使いましょう[注1]。

次のコードは、「現在の値を読み取る」「1を足す」「結果を代入する」の一連の処理に対して排他制御を導入したものです(**図10.6**)。したがって、このコードはスレッドセーフな実装になっており、カウンタの値は期待通りの2,000,000になります。

```
>>> import threading
>>> class ThreadSafeCounter:
...     # ロックを用意する
...     lock = threading.Lock()
...     def __init__(self):
```

注1 ロックの解放漏れが発生すると、前の処理が終わっているにもかかわらず、次の処理がいつまでたっても開始されない状態になります。この状態は一般にデッドロックと呼ばれます。

```
...        self.count = 0
...    def increment(self):
...        with self.lock:
...            # 排他制御したい一連の処理をこのブロック内に書く
...            self.count = self.count + 1
...
>>> counter = ThreadSafeCounter()
>>> threads = 2
>>> with ThreadPoolExecutor() as e:
...    futures = [e.submit(count_up, counter)
...               for _ in range(threads)]
...    done, not_done = wait(futures)
...

# 期待通りの値になっている
>>> print(f'{counter.count=:,}')
counter.count=2,000,000
```

　なお、この例では説明を簡単にするために、メソッドincrement()の処理全体が排他制御の対象となっています。実際に排他制御を行うときは、パフォーマンスを低下させないためにも、排他制御が必要な最小限の処理を見極めて実装してください。

図10.6 スレッドセーフな実装の挙動

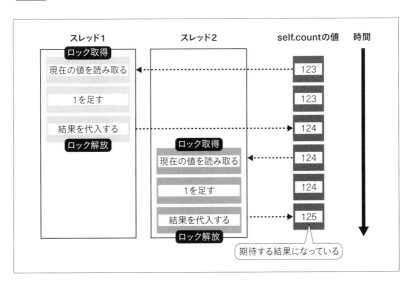

ProcessPoolExecutorクラス —— プロセスベースの非同期実行

マルチプロセスで非同期処理を行う場合、具象サブクラスには concurrent. futures.ProcessPoolExecutor クラスを利用します。API や使い方は ThreadPoolExecutor クラスとほぼ同じです。つまり、利用するクラス名を変更するだけで、マルチスレッドとマルチプロセスを簡単に切り替えられます。これは concurrent.futures モジュールの特徴の1つです。

●プロセスベースの非同期実行が効果的なケース

マルチプロセスは、I/Oバウンドな処理だけでなく数値計算などのCPUバウンドな処理の高速化にも有効です。これは、マルチプロセスであればGILの制約を受けずに、複数コアを同時に使って並列処理を行えるためです[注2]。

ProcessPoolExecutorクラスを利用したマルチプロセス処理の実例

ここから、マルチプロセス処理を実装していきます。マルチプロセス処理はマルチスレッド処理と違い、対話モードでの実行は適しません。そのため、ここで実行するマルチプロセス処理はスクリプトとして実行します。

それでは、ProcessPoolExecutor クラスを使ってマルチプロセス処理を実装しましょう。CPUバウンドな処理には暗号化(復号)や次元数の大きい行列演算などがありますが、今回はシンプルにフィボナッチ数列を計算します[注3]。

次の内容で fib.py を作成してください。ここで定義する fibonacci() 関数は、引数nを受け取り、n+1番目のフィボナッチ数列の値を返す関数です[注4]。

```
fib.py
import sys

def fibonacci(n):
    a, b = 0, 1
    for _ in range(n):
        a, b = b, b + a
```

注2 実行するマシンのCPUがシングルコアの場合は、マルチプロセスにしてもCPUバウンドな処理の高速化は期待できません。

注3 フィボナッチ数列とは、0と1から始まり、前の2つの数を足した数が次の数になる数列です。

注4 効率的な実装方法もありますが、ここではCPUに負荷をかけることが目的であるためこのコードを使用します。

```
    else:
        return a

def main():
    n = int(sys.argv[1])
    print(fibonacci(n))

if __name__ == "__main__":
    main()
```

　引数 n の値を変えながら何度か実行し、負荷を感じられる値に調整してください。筆者の環境では n=1000000 のときに十数秒で結果が出たため、本書のコードではこの値を使います。

```
# 適当な値に調整すること
$ python3 fib.py 1000000
（省略）546875
```

● 逐次処理で実装

　ここでも、マルチプロセス化を試す前に、まずは逐次処理で時間を計測します。計算する回数は CPU のコア数に応じて調整します[注5]。get_sequential() 関数を追加し、逐次処理で fibonacci() 関数を呼び出します。

```
fib.py
import os
import time
（省略）
# elapsed_timeは先ほどと同じ
def elapsed_time(f):
    def wrapper(*args, **kwargs):
        st = time.time()
        v = f(*args, **kwargs)
        print(f"{f.__name__}: {time.time() - st}")
        return v
    return wrapper

@elapsed_time
def get_sequential(nums):
    for num in nums:
        print(fibonacci(num))
```

注5　実行するマシンの物理コアが1つの場合には期待する効果は得られないため注意してください。筆者の環境では物理コア数は2でした。

```python
def main():
    n = int(sys.argv[1])
    # 返される値は環境で異なる
    nums = [n] * os.cpu_count()
    get_sequential(nums)
(省略)
```

それでは、実行してみましょう。

```
$ python3 fib.py 1000000
(省略) 546875
get_sequential: 49.07331991195679
```

筆者の環境では関数os.cpu_count()が4[注6]を返すため4回計算が行われ、合計で49秒かかりました。

●マルチプロセスで実装

続いて、マルチプロセスを使って並列化してみましょう。ProcessPoolExecutorクラスの使い方はThreadPoolExecutorクラスと同じため、詳細は省略します。get_multi_process()関数を追加し、マルチプロセス処理でfibonacci()関数を呼び出します。

```python
fib.py
(省略)
from concurrent.futures import (
    ProcessPoolExecutor,
    as_completed
)
(省略)
@elapsed_time
def get_multi_process(nums):
    with ProcessPoolExecutor() as e:
        futures = [e.submit(fibonacci, num)
                    for num in nums]
        for future in as_completed(futures):
            print(future.result())

def main():
    n = int(sys.argv[1])
    nums = [n] * os.cpu_count()
    get_multi_process(nums)
(省略)
```

注6　この数値は論理コア数で、筆者は物理コア数2のマシンを利用しています。

　python3コマンドに渡すスクリプト、つまりメインモジュールでマルチプロセス処理を行う場合は、マルチプロセスの開始処理を if __name__ == '__main__': ブロックで保護します。これは、新たに起動される Python インタプリタがメインモジュールを安全にインポートできるようにするためです[注7]。

　それでは、実行してみましょう。

```
$ python3 fib.py 1000000
（省略）546875
get_multi_process: 22.11893916130066
```

　いかがでしょうか。物理コア数が2つ以上あれば、逐次処理と比べて所要時間が短くなったと思います。筆者の環境では os.cpu_count() 関数の返す値は4ですが、実際の物理コア数は2つです。そのため、逐次処理と比較して所要時間が約半分になりました。

　せっかくですので、マルチスレッドにした場合の所要時間も確認してみましょう。ProcessPoolExecutor クラスを ThreadPoolExecutor クラスに変更するだけで、マルチプロセスからマルチスレッドに変更できます。

```
fib.py
（省略）
from concurrent.futures import (
    ThreadPoolExecutor,
    as_completed
)
（省略）
@elapsed_time
def get_multi_thread(nums):
    with ThreadPoolExecutor() as e:
        futures = [e.submit(fibonacci, num)
                        for num in nums]
        for future in as_completed(futures):
            print(future.result())


def main():
    n = int(sys.argv[1])
    nums = [n] * os.cpu_count()
    get_multi_thread(nums)
（省略）
```

注7　これはプロセスの開始方式が spawn または forkserver になっている場合の注意点です。マルチプロセス処理には他にも注意点があります。より詳しい情報は、公式ドキュメントの「プログラミングガイドライン」をご確認ください。https://docs.python.org/ja/3/library/multiprocessing.html#programming-guidelines

それでは、実行してみましょう。

```
$ get_multi_thread()
（省略）546875
get_multi_thread: 52.78452110290527
```

GILの制約があるため並列処理は行われず、スレッド切り替えによるオーバーヘッドのためか逐次処理よりも遅くなりました。

このように、処理の内容によって最適な方法が変わります。また、最適な並列数はスレッド、プロセスどちらもさまざまな要素が組み合わさって決まります。実際に利用するコード、環境で試行錯誤をして、最適な並列数を見つけてください[8]。

●マルチプロセスの注意点

マルチプロセスでは、マルチスレッドとは異なる注意点があります。これらは主にプロセスのしくみやプロセス間通信に起因するため、逐次処理やマルチスレッドのときには考慮せずに済んでいたものになります。

●pickle化できるオブジェクトを使う

ProcessPoolExecutorクラスは、キューと呼ばれるデータ構造を利用してプロセス間でオブジェクトの受け渡しを行っています。ProcessPoolExecutorクラスが使うキューはmultiprocessing.Queueクラスで実現されており、このキューに追加されるオブジェクトはpickleと呼ばれる形式でシリアライズされます。つまり、ProcessPoolExecutorクラスを使ったマルチプロセス処理では、pickle化できるオブジェクトしか実行したり、返したりできません。

pickle化できないオブジェクトの一例に、lambda式で定義したオブジェクトがあります。次のコードunpicke.pyで確認してみましょう。

```
unpickle.py
from concurrent.futures import (
    ProcessPoolExecutor,
    wait
)

func = lambda: 1
```

注8　実装コスト以上に処理時間の高速化が重要な場合は、CythonやPyPyの利用も検討してください。

```python
def main():
    with ProcessPoolExecutor() as e:
        future = e.submit(func)
        done, not_done = wait([future])
    print(future.result())

if __name__ == "__main__":
    main()
```

　このコードは、lambda式で定義したオブジェクトfuncをマルチプロセス処理
で動かそうとしています。しかし、実際に実行すると例外PicklingErrorが送
出されます。

```
$ python3 unpickle.py
concurrent.futures.process._RemoteTraceback:
（省略）
_pickle.PicklingError: Can't pickle <005C><function <005C><lambda<005C>> at 🔲
0x10e68e670<005C>>: attribute lookup <005C><lambda<005C>> on __main__        🔲
failed
```

　モジュールトップレベル以外で定義された関数やクラスなどもまた、pickle
化できないオブジェクトです。より詳しい情報は、公式ドキュメントの「12.1.4.
pickle化、非pickle化できるもの」[注9]を確認してください。

● 乱数の取り扱い方

　マルチプロセス処理では、乱数を扱う場合も注意が必要です。ここでは、
Pythonで数値計算を扱うためのライブラリNumPy[注10]を使って説明します[注11]。
numpyパッケージは標準ライブラリではないため、次のコードを実行する場合
はnumpyパッケージのインストールが必要になります[注12]。

　次のコードrand.pyは、複数のプロセスで乱数を扱うコードです。乱数はそ
れぞれのプロセス内でnumpy.random.random()関数を使って生成しています。

注9　https://docs.python.org/ja/3/library/pickle.html#what-can-be-pickled-and-unpickled

注10　https://www.numpy.org/

注11　NumPyは標準ライブラリではありませんが、Pythonを陰から支えている歴史あるライブラリで
　　　す。Pythonの公式ドキュメントやPEPでも数多く触れられており、Pythonでデータ分析や機械学
　　　習を行うときには欠かせない存在です。

注12　外部パッケージをインストールする方法については、11.2節で説明しています。

```rand.py
from concurrent.futures import (
    ProcessPoolExecutor,
    as_completed
)
import numpy as np

def use_numpy_random():
    # 乱数生成器を初期化する場合はこの行を実行する
    # np.random.seed()
    return np.random.random()

def main():
    with ProcessPoolExecutor() as e:
        futures = [e.submit(use_numpy_random)
                   for _ in range(3)]
        for future in as_completed(futures):
            print(future.result())

if __name__ == "__main__":
    main()
```

それでは、実行してみましょう。

```
# macOSでPython3.8で実行
$ python3 rand.py
0.872739344075816
0.6594229729207359
0.8611274769935813
```

macOS環境では、特に問題は見当たりません。しかし、同じコードをDockerを使って実行してみると、次のようになります。

```
$ docker run -it --rm -v $(pwd):/usr/src/app -w /usr/src/app python:3.8.1 bash
-c 'pip install numpy; python3 rand.py'  実際は1行
Collecting numpy
 (省略)
0.7975864177045324
0.7975864177045324
0.6414462645148985
```

乱数を生成したつもりですが、同じ値が複数生成されています。これはプロ

セスの開始方式がforkとなっている場合に生じる現象[注13]で、Unix環境ではfork
がデフォルト値となってます[注14]。コードと実行例は省略しますが、この場合は
各プロセスの中でnumpy.random.seed()関数を用いて、乱数生成器の初期化を
行うと解決します。 なお、標準ライブラリrandomモジュールの random.
random()関数を使った場合は、この心配はありません。プロセスのフォークの
際には、自動で乱数生成器が初期化されます。次の standard_rand.pyは、rand.
py を random.random()関数を使う形に書き直したものです。

```
standard_rand.py
from concurrent.futures import (
    ProcessPoolExecutor,
    as_completed
)
import random


def use_standard_random():
    return random.random()


def main():
    with ProcessPoolExecutor() as e:
        futures = [e.submit(use_standard_random)
                   for _ in range(3)]
        for future in as_completed(futures):
            print(future.result())


if __name__ == "__main__":
    main()
```

　このスクリプトを実行してみると、先ほどと同じDocker環境でも違う値が生
成されていることが確認できます。

```
$ docker run -it --rm -v $(pwd):/usr/src/app -w /usr/src/app python:3.8.1 pyth
on3 standard_rand.py　実際は1行
0.6786645651853637
0.30093100706828446
0.10288197183970882
```

注13　forkは親プロセスを複製して子プロセスを生成する方式です。

注14　macOSでは、Python 3.8からデフォルトのプロセスの開始方式がWindowsと同じspawnになり
　　　ました。Python 3.7以前はforkがデフォルトだったため、Python 3.7以前でrand.pyを実行すると、
　　　Dockerでの実行時と同様の結果になります。https://docs.python.org/ja/3/library/
　　　multiprocessing.html#contexts-and-start-methods

10.3
asyncioモジュール —— イベントループを利用した並行処理を行う

　Pythonで並行処理を実現するもう1つの方法に、イベントループを利用する方法があります。asyncioモジュールは、このために用意されている標準ライブラリです。この方法であれば、シングルスレッドでも並行処理を実現でき、パフォーマンス面でメリットがあります。また、コードを同期処理のように記述できるため可読性も維持しやすいです。asyncioモジュールは規模が大きく、低レベルから高レベルまで多岐に渡ったAPIが提供されているため、ここでは基本的な使い方に絞って紹介します。最初にシンプルなコードを動かし、その後イベントループの概要を解説します。

コルーチン —— 処理の途中で中断、再開する

　asyncioモジュールを使ううえで、欠かせない要素がコルーチンです。コルーチンはサブルーチンと同じく一連の処理をまとめたものです。サブルーチンはPythonでは関数にあたり、一度呼び出されると先頭から最後まで（または途中で何かが返されるまで）一気に実行されます。一方、コルーチンは処理の途中で中断、再開ができる性質を持ちます。この性質を利用すると、複数の処理を並行して動作させられます。

　たとえば、Web APIを利用するコルーチンがあるとします。このコルーチンは、HTTPリクエストを送信するとレスポンスが返ってくるまでは次の処理に進めません。このようなときにこのコルーチンを中断させることで、別のコルーチンを動かすことにCPUリソースを活用できます。もちろん、レスポンスが返ってきたら中断していたコルーチンも適切なタイミングで処理が再開されます。

●async構文を使ったコルーチンの実装

　Pythonでコルーチンを定義するのはとても簡単です。関数定義のdefをasync defに変えるだけで、戻り値がコルーチンになります[注15]。この挙動は、9.1節で

注15　coro()はコルーチン関数で、その戻り値がコルーチンオブジェクトです。ただし、厳密な区別をせずに単にコルーチンと呼ぶことが多いため、本書でも単にコルーチンと呼びます。

紹介したジェネレータ関数に似ています[注16]。

```
>>> async def coro():
...     return 1
...

# 戻り値は1ではなくコルーチンオブジェクト
>>> coro()
<coroutine object coro at 0x10f779f48>
```

　コルーチンを定義するために必要なことは、これがすべてです。続いて、このコルーチンを実行してみましょう。一番簡単なコルーチンの実行方法は、実行したいコルーチンをasyncio.run()関数に渡すことです。

```
>>> import asyncio

# 警告が出るがここでは無視する
>>> asyncio.run(coro())
__main__:1: RuntimeWarning: coroutine 'coro' was never awaited
RuntimeWarning: Enable tracemalloc to get the object allocation traceback
1
```

　処理が実行され、1が返ってきました。ただし、これだけではまだ中断するポイントがないため、本質的にはコルーチンとは呼べないでしょう。警告にある「coroutine 'coro' was never awaited」も、その点を指摘している一文です。そこで、次はコルーチンの内部に処理を中断できるポイントを作ります。

● await構文を使ったコルーチンの呼び出しと中断

　処理を中断させるポイントは、I/O処理による待ち時間が発生する箇所とその処理を呼び出している箇所です。例として、ここではWeb APIを利用します。
　まず、Web APIを利用する処理をコルーチンとして定義します。そして、そのコルーチンを呼び出す処理もまたコルーチンとして定義します。このように実装していくと、必然的にコルーチンの中でコルーチンを呼び出す箇所が出てきます。そこが処理を中断できるポイントで、コード上ではawaitキーワードを記述します。awaitキーワードがあっても、戻り値は通常の関数呼び出しと同様に扱えます。

注16　現在のコルーチンはPython 3.5でネイティブコルーチンとしてサポートされたものです。それ以前はジェネレータをベースとしたコルーチンが実装されていました。なお、ジェネレータベースのコルーチンはすでにdeprecated（非推奨）であり、Python 3.10で削除される予定です。https://docs.python.org/ja/3/library/asyncio-task.html#generator-based-coroutines

具体的な実装例を見ていきましょう。次のコードでは、Web APIを利用する call_web_api() とそれを利用する async_download() の2つのコルーチンを定義しています。ただし、本書のコルーチン call_web_api() は実際にはリクエストを投げず、コルーチン asyncio.sleep() を呼び出すことで時間のかかる処理をシミュレートしています。また、レスポンスが返ってくるまでにかかる時間はリクエストごとに異なるため、ここでは random.random() 関数を利用しています。

```
>>> import asyncio
>>> import random
>>> async def call_web_api(url):
...     # Web APIの処理をここではスリープで代用
...     print(f'send a request: {url}')
...     await asyncio.sleep(random.random())
...     print(f'got a response: {url}')
...     return url
...
>>> async def async_download(url):
...     # awaitを使ってコルーチンを呼び出す
...     response = await call_web_api(url)
...     return response
...
```

どちらのコルーチンも、ほかのコルーチンの呼び出しでawaitキーワードを使っています。また、このコードからawaitキーワードがあっても通常の関数呼び出しと同様に戻り値を受け取れることがわかります。awaitキーワードがないとコルーチンオブジェクトが生成されるだけで、実行までは行われないので注意してください。これで処理を中断、再開できるコルーチンを定義できました。

先ほどと同じように実行してみましょう。

```
>>> result = asyncio.run(
...     async_download('https://twitter.com/'))
send a request: https://twitter.com/
got a response: https://twitter.com/
>>> result
'https://twitter.com/'
```

問題なく動き、警告も表示されなくなりました。しかし、まだ1つの処理しか実行していないため、通常の関数と変わらないように見えます。そこで、次はアクセス先を3つに増やし、コルーチンを使った並行処理を実行してみましょう。

● コルーチンの並行実行

次のコルーチン main() を追加します。asyncio.gather() 関数は複数のコル
ーチンを受け取ると、それぞれの実行をスケジューリングしてくれます。その戻
り値は awaitable なオブジェクト[注17]になっており、処理完了時には渡したコル
ーチンの結果を順序を保持した状態でリストとして返してくれます。

```
>>> async def main():
...     task = asyncio.gather(
...         async_download('https://twitter.com/'),
...         async_download('https://facebook.com'),
...         async_download('https://instagram.com'),
...     )
...     return await task
...
```

それでは実行してみましょう。ログを確認すると、3つのリクエストがgather()
関数に渡した順番で並行して送信されていますが、レスポンスは先に返ってき
たものから順に処理されています。一方、asyncio.run() 関数の戻り値 result
を確認すると、レスポンスの処理順にかかわらず、gather() 関数に渡した順番
が維持されています。gather() 関数を利用すると、このように適切に戻り値を
管理してくれます。

```
>>> result = asyncio.run(main())
send a request: https://twitter.com/
send a request: https://facebook.com
send a request: https://instagram.com
got a response: https://facebook.com
got a response: https://instagram.com
got a response: https://twitter.com/
>>> result
['https://twitter.com/', 'https://facebook.com', 'https://instagram.com']
```

処理の流れを追ってみましょう。まず、gather() 関数の引数に渡した最初の
コルーチンが実行されます。その処理中に、asyncio.sleep() まで進むと処理
が中断され、2番目のコルーチンが動き始めます。asyncio.sleep() で処理が中
断される理由は、I/O処理による待ち時間が発生するためです。同様に2番目の
コルーチンも asyncio.sleep() まで進むと処理が中断され、3番目のコルーチン
が動き始めます。そして、3番目のコルーチンがasyncio.sleep() まで進み処理

注17　await キーワードが必要なオブジェクトを指します。

257

が中断されたあとは、レスポンスが返ってくるまで待機されます。そのあと、レスポンスが返ってきて再開可能になったコルーチンから順次処理が再開されています。最後のレスポンスの処理まで終わると、gather()関数は戻り値となるリストを返します。このとき、リストの順番はgather()関数に渡したコルーチンの順番と一致します。

コルーチンを使った並行処理が実現できたので、続いて内部のしくみに着目していきましょう。

コルーチンのスケジューリングと実行

コルーチンを動かすために必要なものがイベントループとタスクです。コルーチンはその実行がスケジューリングされるとタスクになります。そして、イベントループがI/Oイベントに応じてタスクの実行を制御します。1つのイベントループは同時に1つのタスクしか実行できませんが、実行中のタスクが中断された際は別の実行可能なタスクを実行できます。

● イベントループ —— asyncioモジュールの中心的な機構

イベントループは、asyncioモジュールの中心的な機構です。acyncio.run()関数を呼び出すと新しいイベントループが作成され、このイベントループがコルーチンの実行を制御します。コルーチンの内部では、現在実行中のイベントループをasyncio.get_running_loop()関数で取得できます。

```
>>> import asyncio
>>> async def main():
...     loop = asyncio.get_running_loop()
...     print(loop)
...
>>> asyncio.run(main())
<_UnixSelectorEventLoop running=True closed=False debug=False>
```

イベントループの実体はプラットフォームなどに依存して変わりますが、このイベントループがさまざまなI/Oイベントに応じてスケジューリングされた処理を実行します。

● タスク —— スケジューリングしたコルーチンをカプセル化

コルーチンを実行する方法は3つ用意されています。1つ目はasyncio.run()に渡す方法、2つ目はコルーチンの内部でawait コルーチンとする方法、そし

て3つ目がこれから説明するタスクを作成して実行する方法です。

タスクは、実行がスケジューリングされたコルーチンをカプセル化したものです。タスクの実体はasyncio.Taskクラスのインスタンスで、このクラスはasyncio.Futureクラスのサブクラスです。asyncio.Futureクラスは、本章の前半で出てきたconcurrent.futures.Futureクラスと同じく実行が先送りされていることを表現しています。両者はほとんど同じメソッドを持っていますが、asyncio.Futureクラスではconcurrent.future.Futureクラスと違い、結果の取得にメソッドresult()は使いません。代わりにawaitキーワードを使って実行し、同期処理のように戻り値を取得することが一般的です。

タスクの作成は、次のようにasyncio.create_task()関数を使います。この呼び出しの裏では、先ほどのasyncio.get_running_loop()関数で取得されるループを使ってタスクが作成されます。

```
>>> async def coro(n):
...     await asyncio.sleep(n)
...     return n
...
>>> async def main():
...     task = asyncio.create_task(coro(1))
...     print(task)
...     return await task
...

# print()時点ではまだPending状態
>>> asyncio.run(main())
<Task pending coro=<coro() running at <stdin>:1>>
1
```

タスクを作成すると、次のように並行して実行できます。コルーチンのまま呼び出した場合と比較するとその違いを感じられます。

```
# タスクを作成して実行
# 3秒で完了する
>>> async def main():
...     task1 = asyncio.create_task(coro(1))
...     task2 = asyncio.create_task(coro(2))
...     task3 = asyncio.create_task(coro(3))
...     print(await task1)
...     print(await task2)
...     print(await task3)
...
```

259

```
>>> asyncio.run(main())
1
2
3

# コルーチンのまま実行
# こちらは6秒かかる
>>> async def main():
...     print(await coro(1))
...     print(await coro(2))
...     print(await coro(3))
...
>>> asyncio.run(main())
1
2
3
```

●**非同期I/O** —— イベントループに適したI/O処理

　イベントループは、非同期I/Oを利用してコルーチンを動かします。非同期I/Oでは、I/O処理が非同期で行われるため、I/O処理が行われている間もイベントループは別の処理を並行して進められます。I/O処理の完了やエラーなどのI/Oイベントは、シグナルやコールバックと呼ばれるしくみで実現されています。イベントループはこのI/Oイベントを受け取ると、I/O処理で中断していたコルーチンを再開させます。

　このようなしくみであるため、イベントループで同期I/Oを利用すると、I/O処理中であってもコルーチンが中断されず、すべての処理がブロックされます。できればイベントループで扱うすべてのI/Oで非同期I/Oを利用したいところですが、多くのライブラリが同期I/Oを使っていますし、非同期I/Oへの対応を行わないものもあるでしょう。そのため、しばらくは利用するライブラリの対応状況を確認する必要がありそうです。

　なお、非同期I/Oに対応していない処理をイベントループで利用したい場合は、次に紹介する方法で対応できます。

●**同期I/Oを利用する処理のタスク化**

　イベントループが持つメソッド loop.run_in_executor() を利用すると、同期I/Oを伴う処理であってもコルーチンとして扱えます。loop.run_in_executor() は第一引数に concurrent.futures.Executor クラスのインスタンス、第二引数

に実行したい処理、第三引数以降でその処理に渡す引数を指定します[注18]。すると、渡した Executor クラスのインスタンスを利用して処理を実行するタスクを作成してくれます。第一引数を None にすると、イベントループに指定されているデフォルト値が利用されます[注19]。

それでは、実際に利用してみましょう。次の例では、本章の前半で利用した download() 関数と変数 urls を利用しています。誌面上ではわかりにくいですが、実際には並行処理でリクエストが行われています。

```
>>> async def main():
...     loop = asyncio.get_running_loop()
...     # 同期I/Oを利用するdownloadからタスクを作成
...     futures = [loop.run_in_executor(None, download, url)
...                for url in urls]
...     for result in await asyncio.gather(*futures):
...         print(result)
...
>>> asyncio.run(main())
('https://twitter.com', './be8b09f7f1f66235a9c91986952483f0')
('https://facebook.com', './a023cfbf5f1c39bdf8407f28b60cd134')
('https://instagram.com', './09f8b89478d7e1046fa93c7ee4afa99e')
```

asyncioモジュールとHTTP通信

asyncio モジュールは、さまざまな通信を行うためのクラスをトランスポートという形で実装しています。本書の執筆時点でトランスポートの実装があるプロトコルは、TCP（*Transmission Control Protocol*）、UDP（*User Datagram Protocol*）、SSL（*Secure Sockets Layer*）、パイプを使ったサブプロセスとの通信です。つまり、ここにない HTTP を使う場合は、自分で asyncio モジュールを使って HTTP クライアント／サーバを実装するかサードパーティのライブラリを使用するかのどちらかになります。HTTP 通信を利用するシーンは非常に多いため、ここで async/await 構文に対応しているサードパーティのライブラリを1つ紹介します。

●**aiohttp** —— 非同期I/Oを利用するHTTPクライアント兼サーバライブラリ

ライブラリ aiohttp は、非同期I/Oに対応した HTTP クライアント兼サーバライブラリです。このライブラリの解説は本書の範囲から外れるため割愛します

注18　位置引数であればそのまま渡せますが、キーワード引数の場合はfunctools.partial()を利用して渡します。

注19　実際のところはconcurrent.futures.ThreadPoolExecutor()が利用されることが多いでしょう。

が、公式ドキュメントの「Getting Started」[注20]にある次のコードから、その雰囲気をつかめるでしょう。このコードは本書の執筆時点の公式ドキュメントに掲載されているものですが、コメントをいくつか追加しています。

```python
import aiohttp
import asyncio

async def fetch(session, url):
    # 9.3節で紹介したコンテキストマネージャーの非同期版
    async with session.get(url) as response:
        return await response.text()

async def main():
    async with aiohttp.ClientSession() as session:
        html = await fetch(session, 'http://python.org')
        print(html)

# 下記2行でasyncio.run()と似た挙動になる
loop = asyncio.get_event_loop()
loop.run_until_complete(main())
```

10.4
本章のまとめ

本章ではPythonで並行処理を行う方法として、concurrent.futureモジュールを使ったマルチスレッドを利用する方法とマルチプロセスを利用する方法、asyncioモジュールを使ったイベントループを利用する方法を紹介しました。

並行処理は難しい分野であり、同期処理では起きなかったエラーや予期せぬ挙動に遭遇したり、デバッグにも工夫が必要になります。また、Pythonや標準ライブラリの進化も活発な分野ですので、新しいAPIもまだまだ追加されるでしょう。そのため、本格的に利用する際は公式ドキュメントの「並行実行」[注21]や「asyncio − 非同期 I/O」[注22]で最新の情報を確認してください。

注20 https://aiohttp.readthedocs.io/en/stable/#getting-started
注21 https://docs.python.org/ja/3/library/concurrency.html
注22 https://docs.python.org/ja/3/library/asyncio.html

第**11**章

開発環境とパッケージの管理

アプリケーションやライブラリを継続的に開発したり、チームで開発していったりするためには、実行環境の再現性を高める必要があります。また、スムーズな開発を行うためには、リリースや配布方法まで考えたプロジェクトの構成にしておくことが大切です。

本章の前半では、実行環境の再現性を高めるために必要な仮想環境の使い方とパッケージの管理、環境の再現方法を説明します。後半では、自分自身が開発したプログラムをパッケージとして配布する方法を説明します。

11.1
仮想環境 —— 隔離されたPython実行環境

あるプロジェクトで利用するライブラリのバージョンが、別のプロジェクトで必要になるバージョンと異なる場合を考えます。この場合、1つの環境だけではこれらを同時には開発できません。また、個人的に利用しているパッケージとそれぞれのプロジェクトで必要とされるパッケージの区別が付いていないと、自分の環境でしか動かないプロジェクトとなるでしょう。

Pythonでは、この問題を解決するために仮想環境の利用が推奨されています。仮想環境と聞くとVM(*Virtual Machine*、仮想マシン)やコンテナを使った仮想化をイメージされる方も多いと思います。しかし、Pythonが仮想環境作成のために標準ライブラリとして提供しているvenvモジュールは、これらとは異なるアプローチをとります。ここでは、このvenvモジュールを使ったPythonでの仮想環境の利用方法を紹介します。

なお、本章の例はmacOSで実行したものです。Windowsの場合はpython.jpの「環境構築ガイド」[注1]で詳しく紹介されているため、そちらも参考にしてください。

venv —— 仮想環境作成ツール

Pythonでは、仮想環境の作成や管理のために標準ライブラリvenvモジュールが提供されています[注2]。ここからはvenvモジュールを利用して、実際に仮想環

注1　https://www.python.jp/install/windows/venv.html

注2　Linuxのディストリビューションによっては、venvの利用にPython本体以外のパッケージが必要な場合があります。たとえば、Ubuntuの場合は2.1節で説明したようにpython3.8-venvとpython3-pipのインストールも必要です。詳細は各ディストリビューションごとのドキュメントを確認してください。

境を作成していきます。例として、Webアプリケーションフレームワークの
Djangoを利用した2つのプロジェクトを想定します。ひとつは本書の執筆時点
での3系の最新版であるDjango 3.0.1で開発するhobbyプロジェクト、もうひと
つは同じく2系の最新版であるDjango 2.2.9で開発するworkプロジェクトです。

作業用ディレクトリの中に各プロジェクトのルートディレクトリを作成し、
その中に仮想環境を作成します。仮想環境を作成するにはvenvモジュールをス
クリプトとして実行し、作成したい仮想環境名を引数に渡します。少し紛らわ
しいですが、ここでは作成する仮想環境の名前もvenvにしています。この理由
はのちほど説明します。

```
# プロジェクト用のディレクトリを作成
$ mkdir -p workspace/hobby
$ mkdir -p workspace/work
$ cd workspace/hobby

# -mオプションでvenvモジュールを指定し
# 最後の引数で仮想環境名として「venv」を指定
$ python3 -m venv venv
$ ls
venv
```

コマンドを実行すると、指定した仮想環境名のディレクトリが作成されます。
このディレクトリがPythonの仮想環境です。実は、venvモジュールが作成する
仮想環境とは、実行するPythonインタプリタやインストールしたパッケージを
1つのディレクトリにまとめたものを指します。

● venvのしくみ

venvモジュールは、環境変数PATHを書き換えるシンプルなしくみで仮想環境
を実現しています。仮想環境を有効化すると、PATHの先頭に仮想環境ディレク
トリ内にあるbin/ディレクトリ(Windowsの場合はScripts\)が追加されます。
bin/の中には、次のファイルが格納されています。

```
# Windowsの場合はvenv\Scripts\が
# venv/bin/に相当するが、中身は大きく異なる
$ ls venv/bin/
Activate.ps1    activate        activate.csh     activate.fish    easy_ ↵
install    easy_install-3.8 pip               pip3             pip3.8 ↵
    python          python3
```

環境ごとに用意されたactivateスクリプトは、bin/をPATHの先頭に追加するスクリプトです。つまり、activateスクリプトを実行して仮想環境を有効化すると、このディレクトリにあるコマンドが優先的に利用されます。

● **仮想環境の有効化、無効化**

activateスクリプトを実行して、仮想環境を有効化してみましょう。仮想環境を有効化し、PATHを確認すると仮想環境のbin/ディレクトリが追加され、プロンプトの最初に仮想環境名が表示されます。bashやzshの場合は、. venv/bin/activateを実行すると仮想環境が有効化されます。Windowsの場合は、cmd.exeであればvenv\Scripts\activate.bat、PowerShellであればvenv\Scripts\Activate.ps1を実行します。

もしPowerShellでPSSecurityExceptionが発生した場合は、PowerShellの実行ポリシーをSet-ExecutionPolicy RemoteSigned -Scope Processコマンドで変更してから、もう一度venv\Scripts\Activate.ps1を実行してください[注3]。

```
# 仮想環境の有効化
# ドット（.）の代わりにsourceでも同様
$ . venv/bin/activate

# 仮想環境内
(venv) $ echo $PATH
/Users/rhoboro/workspace/hobby/venv/bin:/usr/local/sbin:/usr/bin:...
```

● **仮想環境内でのpythonコマンド**

仮想環境を有効化した状態では、pythonコマンドとpython3コマンドは、どちらもbin/内のものが利用され、どちらを利用しても同じ挙動になります。なお、仮想環境内で利用されるPythonのバージョンは、仮想環境の作成に利用したPythonのバージョンと一致します。

```
# venv/bin/内のコマンドが利用され、どちらも同じ挙動になる
(venv) $ which python
/Users/rhoboro/workspace/hobby/venv/bin/python
(venv) $ which python3
/Users/rhoboro/workspace/hobby/venv/bin/python3
```

注3　仮想環境を有効化するためのコマンドは、シェルごとに異なります。詳細は公式ドキュメントの「venv--- 仮想環境の作成」をご確認ください。https://docs.python.org/ja/3/library/venv.html

pipコマンドも同様で、pip、pip3、pip3.8コマンドはどれもbin/内のものが
利用されます。pipコマンドの使い方については、本章でのちほど説明します。

```
# pip、pip3、pip3.8も同様
(venv) $ which pip
/Users/rhoboro/workspace/hobby/venv/bin/pip
(venv) $ which pip3
/Users/rhoboro/workspace/hobby/venv/bin/pip3
(venv) $ which pip3.8
/Users/rhoboro/workspace/hobby/venv/bin/pip3.8
```

● 仮想環境内でパッケージを利用する

試しにこの仮想環境に追加のパッケージをインストールしてみましょう[注4]。こ
こではDjango 3.0.1をインストールします。パッケージの詳しいインストール
方法についてはのちほど説明しますので、ここでは次のようにpip installコ
マンドを実行してください。現在の環境にインストールされているパッケージ
とそのバージョンは、pip listコマンドで確認できます[注5]。

```
# バージョンを指定してパッケージをインストール
(venv) $ pip install Django==3.0.1
(venv) $ pip list
Package    Version
---------- -------
asgiref    3.2.3
Django     3.0.1
pip        19.2.3
pytz       2019.3
setuptools 41.2.0
sqlparse   0.3.0
WARNING: You are using pip version 19.2.3, however version 19.3.1 is available.
You should consider upgrading via the 'pip install --upgrade pip' command.

# 比較のため新規Djangoプロジェクトを作成しておく
(venv) $ django-admin startproject hobby
```

Djangoの3.0.1がインストールされていることが確認できました。それでは、
この仮想環境を無効化してみましょう。現在の仮想環境を無効化するには、
deactivateコマンドを実行します。仮想環境を無効化すると、プロンプトの仮

注4　仮想環境内で追加したパッケージは、その仮想環境のlib/内にインストールされます。
注5　pipのバージョンが古い場合は警告が出ます。パッケージのアップデート方法についてはのちほど
　　　説明するため、ここではいったん無視します。

想環境名が消え、仮想環境にインストールしたパッケージも見えなくなります。再度仮想環境を有効化したい場合は、もう一度activateスクリプトを実行してください。

```
(venv) $ deactivate

# 仮想環境内と違う結果になる
# 結果は環境により異なる
$ pip list
```

● **複数のプロジェクトを並行して開発する**

　workspace/work/でもここまでの手順を繰り返し、Django 2.2.9の環境を用意しましょう。先ほどはpython3コマンドを利用しましたが、今回はpython3.8コマンドを利用しました。ここでの結果は同じですが、もし複数のPythonバージョンをインストールしている場合は、仮想環境内で利用するPythonのバージョンをこのように作成時に指定できます。

```
$ cd ../work

# 仮想環境内のPythonも3.8になる
$ python3.8 -m venv venv
$ . venv/bin/activate
(venv) $ pip install Django==2.2.9
(venv) $ pip list
Package    Version
---------- -------

Django     2.2.9
pip        19.2.3
pytz       2019.3
setuptools 41.2.0
sqlparse   0.3.0
WARNING: You are using pip version 19.2.3, however version 19.3.1 is available.
You should consider upgrading via the 'pip install --upgrade pip' command.

# 新規Djangoプロジェクトを作成
(venv) $ django-admin startproject work
```

　それでは、ここで現在のディレクトリ構成を確認してみましょう。ここまでの手順を実行すると、**図11.1**に示すディレクトリ構成になっています。

　仮想環境名は任意の名前を付けられますが、筆者はこのように常にvenvという名前にしています。このメリットはいくつかあります。

　まず、.gitignoreなどのバージョン管理システムの除外設定ファイルに常に

図11.1 仮想環境を含むプロジェクトのディレクトリ構成

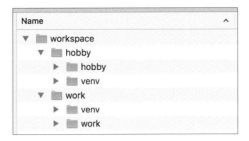

venv/と書けることです[注6]。仮想環境のディレクトリはバージョン管理に含める必要がないため、常に同じ名前で除外設定しておくことで間違えてコミットに含まれることを防げます。また、仮想環境名の命名に悩んだり、プロジェクトごとに仮想環境名を思い出したりする必要がありません。

hobby/とwork/を使う例は、ここまでとなります。以降ではこのhobby/とwork/は不要ですので、仮想環境を無効化してから削除します。venvモジュールで作成した仮想環境は、ディレクトリを削除するだけで簡単に削除できます。

```
(venv) $ deactivate
$ cd ../../

# workspace/ごと仮想環境を削除
$ rm -rf workspace
```

11.2
パッケージの利用

　パッケージは、Pythonのプログラムをまとめて配布可能にしたもので、より一般的にはライブラリと呼ばれます。今では、世界中の多くの開発者が、自分が開発したパッケージを配布しています。また、会社によっては社内向けの共通パッケージを作成し、社内に限定した環境で配布していることもあります。これらの配布されているパッケージを活用すると、自分の手で書かなければい

注6　筆者がよく利用する.gitignore自動生成サイトgitignore.ioでも、pythonを指定すると自動でvenvが記載されます。https://gitignore.io/

けないプログラムの規模や範囲を小さくできます。

　また、パッケージの利用はプログラムの品質を上げる面でも重要です。特に
セキュリティを考慮する場面では、詳しい知識や技術を持った専門家や開発者
によりメンテナンスされていて、実績が豊富な定番のパッケージを用いること
が定石です。

pip —— パッケージ管理ツール

　Pythonでパッケージをインストールするときには、通常pip installコマン
ドを使います。pipモジュールは、パッケージ関連の保守や整備を行っている
PyPA[注7](*Python Packaging Authority*)が保守しているツールです[注8]。pipモジュールは
標準ライブラリには含まれていませんが、公式インストーラを使ってPythonを
インストールしたときには一緒にインストールされます[注9]。

●基本的な使い方
　ここからは、実際にpipコマンドを使ってパッケージのインストールなどを
行います。まずは、グローバルな環境を汚染しないために専用の仮想環境を作
成します。ここからの操作はすべて、この仮想環境内で行っていきます。

```
$ mkdir workspace
$ cd workspace
$ python3 -m venv venv
$ . venv/bin/activate
```

　なお、作成直後の仮想環境ではpipコマンドを使った際に、次の警告が出る
場合があります。この警告は、後述する方法でpipモジュールのアップデート
を行うと表示されなくなるため、ここでは無視して読み進めてください。本書
の出力結果でも省略します。

注7　https://www.pypa.io/en/latest/
注8　pythonコマンドとpython3コマンドと同様に、pipにもpipコマンドとpip3コマンドがあります。
　　　pipコマンドは環境しだいでPython2向けのパッケージのインストールにも使われます。ただし、
　　　venvで作成した仮想環境を有効化している場合は、pipコマンドとpip3コマンドは同じ挙動にな
　　　ります。
注9　Linuxのディストリビューションによっては、pipの利用にPython本体以外のパッケージが必要な
　　　場合があります。たとえば、Ubuntu:18.04の場合は2.1節で説明したようにpython3-pipのインス
　　　トールも必要です。詳細は各ディストリビューションのドキュメントを確認してください。

```
WARNING: You are using pip version 19.2.3, however version 19.3.1 is available.
You should consider upgrading via the 'pip install --upgrade pip' command.
```

● **パッケージのインストール**

　それでは、pipコマンドを使ってパッケージをインストールしてみましょう。パッケージのインストールで使うコマンドはpip installコマンドです。このとき、-qオプションを付けると進捗表示が抑制されます。ここでインストールするパッケージは、PyPAがサンプルパッケージとして公開しているsampleprojectパッケージです。ここではバージョンを指定していないため、公開されている最新のバージョンがインストールされます[注10]。

```
# -qを付けると進捗状況は表示されない
(venv) $ pip install sampleproject
Collecting sampleproject
  Downloading https://files.pythonhosted.org/packages/a4/95/7398f8a08a0e83d ⏎
c39dd4cbada9d22c65bcbb41c36626b2c54a1db83c710/sampleproject-1.3.1-py2.py3- ⏎
none-any.whl
Collecting peppercorn (from sampleproject)
  Downloading https://files.pythonhosted.org/packages/14/84/d8d9c3f17bda2b ⏎
6f49406982546d6f6bc0fa188a43d4e3ba9169a457ee04/peppercorn-0.6-py3-none-any.whl
Installing collected packages: peppercorn, sampleproject
Successfully installed peppercorn-0.6 sampleproject-1.3.1
```

　パッケージのインストールができたら、インストールされたバージョンを確認しましょう。現在の環境にインストールされているパッケージとそのバージョンの一覧はpip listコマンドで確認できます。

```
(venv) $ pip list
Package       Version
------------- -------
peppercorn    0.6
pip           19.2.3
sampleproject 1.3.1
setuptools    41.2.0
```

　sampleprojectパッケージとともにpeppercornパッケージもインストールされたようです。このように、pip installコマンドでは指定したパッケージの依存関係にあるパッケージも同時にインストールされます。

注10　本書の執筆時点でsampleprojectパッケージの最新のバージョンは1.3.1です。現在の最新バージョンは、PyPIのプロジェクトページで確認できます。https://pypi.org/project/sampleproject/

●**パッケージのアンインストール**

パッケージのインストールが実行できたら、パッケージのアンインストールも試しておきましょう。パッケージのアンインストールで使うコマンドはpip uninstallコマンドです。このとき、-yオプションを付けると確認メッセージは表示されません。

```
# -yを付けると確認メッセージが省略される
(venv) $ pip uninstall sampleproject
Uninstalling sampleproject-1.3.1:
  Would remove:
    /Users/rhoboro/workspace/hobby/venv/bin/sample
    /Users/rhoboro/workspace/hobby/venv/lib/python3.8/site-packages/sample/*
    /Users/rhoboro/workspace/hobby/venv/lib/python3.8/site-packages/sample ⏎
project-1.3.1.dist-info/*
    /Users/rhoboro/workspace/hobby/venv/my_data/data_file
Proceed (y/n)? y # yと入力
  Successfully uninstalled sampleproject-1.3.1
```

sampleprojectパッケージのアンインストールができたら、先ほどと同様に現在の環境にインストールされているパッケージを確認してみましょう。

```
# sampleprojectが一覧から消えている
(venv) $ pip list
Package    Version
---------- -------
peppercorn 0.6
pip        19.2.3
setuptools 41.2.0
```

sampleprojectパッケージとともにインストールされたpeppercornパッケージが、アンインストールされていない点に注目してください。pipコマンドでは、依存関係にあったパッケージのアンインストールまでを同時に行うコマンドは提供されていません。しかしながら、この点について困ることはほとんどありません。シンプルに、現在の仮想環境を破棄して、新しい仮想環境に必要なパッケージだけをインストールすればよいためです。

●**PyPI**──Pythonパッケージのリポジトリ

pip install sampleprojectを実行したとき、sampleprojectパッケージは

PyPI[注11](*The Python Package Index*)からダウンロードされます(**図11.2**)。PyPIとは、PyPAが運営しているPythonパッケージのリポジトリです。世界中の開発者がたくさんのPythonパッケージをPyPIにアップロードしています。PyPIでは、気になるパッケージを探したり、後述する方法で誰もが自分が開発したパッケージを世界中の人々に配布できます。`pip install`コマンドは、オプションで取得元を指定しない限り、このPyPIからパッケージを探します。

● **ソースコードリポジトリにあるパッケージをインストールする**

PyPIには登録せずにパッケージを配布したい場合もあります。たとえば、社内向けに開発したパッケージは、外部には公開できないこともあるでしょう。この場合は、ソースコードリポジトリからインストールする方法がお勧めです。

インストール方法で先ほどと違う点は、パッケージ名の指定方法です。具体例はのちほど紹介しますが、ソースコードリポジトリを指定する際は、`vcs+protocol://repo_url/#egg=pkg`という構成で指定します。vcsとはバージョン管理システム(*Version Control System*)を指し、本書の執筆時点ではGit、Subversion、Mercurial、Bazaarに対応しています。

注11　https://pypi.org/

図11.2　The Python Package Index(PyPI)のトップページ

次のコマンドは、GitHubがホスティングしているGitリポジトリからパッケージをインストールする例です。このコマンドは内部でgitコマンドを利用するため、gitコマンドがプリインストールされているmacOS以外ではgitコマンドのインストールが必要です。本書ではgitコマンドのインストール方法や使い方の説明は省略するため、インストール方法や使い方の詳細は公式サイトにある「Book」[注12]を確認してください。

```
# vcs+protocol://repo_url/#egg=pkgが基本構造
(venv) $ pip install git+https://github.com/pypa/sampleproject#egg=sampleproje
ct 実際は1行
（省略）

# @masterでmasterブランチを指定して実行
(venv) $ pip install git+https://github.com/pypa/sampleproject@master#egg=samp
leproject 実際は1行
（省略）
```

ここでは@のあとにブランチ名のmasterを指定しましたが、タグやコミットのハッシュも指定できます。また、ソースコードリポジトリの指定の最後に&subdirectory=pkg_dirを付けると、サブディレクトリで開発しているパッケージの指定もできます。より詳細な情報は、公式ドキュメントの「VCS-Support」[注13]を確認してください。

この方法を使うと、たとえプライベートリポジトリであっても、pipコマンドの実行ユーザーにそのリポジトリのアクセス権限があればインストールできます。継続的インテグレーション（*Continuous Integration*）を行うCIサーバ上で実行したい場合は、デプロイキー[注14]やマシンユーザー[注15]を作成すると対応できます。継続的インテグレーションについての詳細は13.3節で紹介します。

●ローカルにあるパッケージをインストールする

開発中のパッケージの動作確認をしたい、利用中のライブラリにバグがあったので手元で修正したいといった場合には、ローカルにあるパッケージをインストールしたくなります。その場合は、そのパッケージのディレクトリに移動し、pip install -e .を実行しましょう。-eオプションにより、Editableモー

注12 https://git-scm.com/book/ja/v2
注13 https://pip.pypa.io/en/stable/reference/pip_install/#vcs-support
注14 https://developer.github.com/v3/guides/managing-deploy-keys/#deploy-keys
注15 https://developer.github.com/v3/guides/managing-deploy-keys/#machine-users

ド[注16]でインストールされ、コードの変更が即時反映されます。

それでは、ソースコードリポジトリから pypa/sampleproject をクローンして、Editable モードを試してみましょう。

```
# 入れなおすため、先にアンインストールしておく
(venv) $ pip uninstall sampleproject
(venv) $ git clone https://github.com/pypa/sampleproject.git
(venv) $ cd sampleproject

# カレントディレクトリのパッケージをインストール
(venv) $ pip install -e .
```

コードの変更が即時反映されることを確認するために、sample.main() 関数を実行します。python コマンドの -c オプションは、文字列として受け取ったプログラムを実行するオプションです。

```
(venv) $ python3 -c 'import sample; sample.main()'
Call your main application code here
```

続いて、出力される文字列を変更します。sample/__init__.py を次のように編集します。

`sample/__init__.py`

```
def main():
    """Entry point for the application script"""
    print("Editable mode")
```

この状態でもう一度、sample.main() 関数を実行してみましょう。出力結果が変わっていることが確認できます。

```
# 編集結果が再インストールなしで反映される
(venv)$ python3 -c 'import sample; sample.main()'
Editable mode
```

ローカルにあるパッケージを利用したいもう一つのユースケースは、オフライン環境でのインストールです。パッケージを事前にダウンロードしておくと、オフライン環境でもインストール可能になります。パッケージのダウンロードは pip download コマンドで行い、ダウンロード済みのパッケージからインストールするには、--no-index オプションでリポジトリを検索しないようにし、

注16　https://pip.pypa.io/en/stable/reference/pip_install/#editable-installs

--find-linksオプションでパッケージを置いたディレクトリを指定します。

```
# 入れなおすため、削除しておく
(venv) $ pip uninstall sampleproject

# archives/にダウンロードしておく
(venv) $ cd ../
(venv) $ pip download -d archives sampleproject
(venv) $ ls archives
peppercorn-0.6-py3-none-any.whl          sampleproject-1.3.1-py2.py3-none- ⏎
any.whl

# オフライン環境でもarchives/からインストールできる
(venv) $ pip install --no-index --find-links=archives sampleproject
Looking in links: archives
Collecting sampleproject
Requirement already satisfied: peppercorn in ./venv/lib/python3.8/site-pac ⏎
kages (from sampleproject) (0.6)
Installing collected packages: sampleproject
Successfully installed sampleproject-1.3.1
```

●インストール済みのパッケージをアップデートする

pip installコマンドは、すでにインストール済みのパッケージを指定すると「Requirement already satisfied:(省略)」と表示され、インストールは実行されません。

```
(venv) $ pip install sampleproject
Requirement already satisfied: sampleproject in ./venv/lib/python3.8/site- ⏎
packages (1.3.1)
Requirement already satisfied: peppercorn in ./venv/lib/python3.8/site-pack ⏎
ages (from sampleproject) (0.6)
```

しかし、すでにそのパッケージが古くなっていて最新版を入れたい場合には、-Uオプションか--upgradeオプションを付けると最新版にアップデートできます。

パッケージのアップデートを行ってみましょう。仮想環境を作成した直後は、pipモジュールのバージョンが古いことが多いです。この場合、pipコマンドを使った際に次のような警告が表示されます。

```
WARNING: You are using pip version 19.2.3, however version 19.3.1 is available.
You should consider upgrading via the 'pip install --upgrade pip' command.
```

　この警告は、pipモジュールを最新版にアップデートすると表示されなくなります。macOSとLinuxの場合は、pipモジュール自身のアップデートもそのほかのパッケージと同じようにpip install -U pipコマンドでアップデートできます。Windowsの場合は実行中のexeファイルは更新できないため、python -m pip install -U pipコマンドを利用してアップデートします。

```
# 現在のpipのバージョンを表示
(venv) $ pip -V
pip 19.2.3 from /Users/rhoboro/workspace/venv/lib/python3.8/site-packages/ ⏎
pip (python 3.8)

# パッケージを最新版にアップデート
# Windowsの場合は python -m pip install -U pip
(venv) $ pip install -U pip
Collecting pip
  Downloading https://files.pythonhosted.org/packages/00/b6/9cfa56b4081ad13 ⏎
874b0c6f96af8ce16cfbc1cb06bedf8e9164ce5551ec1/pip-19.3.1-py2.py3-none-any.w ⏎
hl (1.4MB)
    |████████████████████████████████| 1.4 ⏎
MB 481kB/s
Installing collected packages: pip
  Found existing installation: pip 19.2.3
    Uninstalling pip-19.2.3:
      Successfully uninstalled pip-19.2.3
Successfully installed pip-19.3.1

# 現在のpipのバージョンを表示
(venv) $ pip -V
pip 19.3.1 from /Users/rhoboro/workspace/venv/lib/python3.8/site-packages/ ⏎
pip (python 3.8)
```

　先ほども述べたとおり、仮想環境を作成した直後は、pipモジュールのバージョンが古いことが多いです。そのため、仮想環境作成後は最初にpip install -U pipを実行しておくとよいでしょう。

●現在のユーザー用にインストールする

　共用マシンやサーバ上では、ユーザー権限ではシステムにパッケージをインストールできず、仮想環境も利用できない場合があります。この状況では、次のように--userオプションを利用すると、ユーザー環境下にパッケージをインストールできます。--userオプションを利用した場合のインストール先は、python3 -m site --user-baseコマンドで確認できます。また、パッケージは

python3 -m site --user-siteコマンドで確認できる場所に配置されますので、必要に応じて7.3節で紹介した環境変数PYTHONPATHやsys.pathに追加してください。

```
# 仮想環境の外で試す
(venv) $ deactivate

# ユーザー環境下にインストール
$ pip3 install --user sampleproject

# 筆者の環境では次の場所に入った
$ python3 -m site --user-site
/Users/rhoboro/Library/Python/3.8/lib/python/site-packages
$ ls ~/Library/Python/3.8/lib/python/site-packages/
peppercorn                  peppercorn-0.6.dist-info      sample        ↵
                sampleproject-1.3.1.dist-info

# 以降では不要なのでアンインストールしておく
$ pip3 uninstall sampleproject peppercorn -y
Uninstalling sampleproject-1.3.1:
  Successfully uninstalled sampleproject-1.3.1
Uninstalling peppercorn-0.6:
  Successfully uninstalled peppercorn-0.6
```

環境の保存と再現 —— requirementsファイルの活用

pipコマンドを使ったワークフローでは、requirements.txtやrequirements.lockなどのファイルを使って実行環境の保存や再現を行います[注17]。このしくみはとてもシンプルです。保存時はインストール済みのすべてのパッケージとバージョンの一覧をファイルに書き出し、再現時はそのファイルに記載されたパッケージをそのバージョンでインストールします。

実行環境の再現が必要となるシーンはとても多いです。たとえば、ソースコードリポジトリからクローンしたプロジェクトを動かすとき、チーム開発で環境を合わせるとき、CIサーバでテストを実行するとき、ローカルで開発したものをサーバにデプロイするときなどがあります。したがって、これから説明する内容は継続的な開発には欠かせない知識となります。

注17　本書で紹介する方法は@methane氏の「pip の constraints の正しい用途」https://qiita.com/methane/items/11219ceedb44c0ebcc75 で紹介されている方法です。この記事は筆者が書いた「Python プロジェクトのディレクトリ構成」https://www.rhoboro.com/2018/01/25/project-directories.html に言及する形で書かれたものです。

● 現在の環境の情報をrequirementsファイルに保存する

それでは、実際にrequirementsファイルを作成しましょう。開発するプロジェクトで利用したいパッケージの名前をrequirements.txtに記載します。

```
requirements.txt
sampleproject
```

このファイルを使って、新しい仮想環境にパッケージをインストールします。pip installコマンドの-rオプションでrequirementsファイルを指定すると、そこに書かれているパッケージがインストールされます。

```
$ python3 -m venv venv
$ . venv/bin/activate
(venv) $ pip install -U pip

# requirementsファイルを使ったインストール
(venv) $ pip install -r requirements.txt
（省略）

# sampleprojectがインストールされた
(venv) $ pip list
Package      Version
------------ -------
peppercorn   0.6
pip          19.3.1
sampleproject 1.3.1
setuptools   41.2.0
```

sampleprojectパッケージのインストールができたら、この環境を別のrequirementsファイルに保存しましょう。pip freezeコマンドを実行し、結果をそのままrequirements.lockとして保存します。

```
# requirements.lockに環境を保存
(venv) $ pip freeze > requirements.lock
```

requirements.lockは次のようになっています。ここにはsampleprojectパッケージの情報だけでなく、sampleprojectパッケージが依存しているためインストールされたパッケージの情報も含まれています。

```
requirements.lock
peppercorn==0.6
sampleproject==1.3.1
```

　ここまでの手順でプロジェクトが直接依存しているパッケージがrequirements
.txtに、現在の環境にインストールされているすべてのパッケージとそのバー
ジョンの一覧がrequirements.lockに書き出されました[注18]。これらのファイル
はバージョン管理下に含めます。

● requirementsファイルから環境を再現する

　新しいメンバーがプロジェクトに参加したときやCIサーバでテストを実行す
るとき、本番環境にデプロイするときなどは、requirements.lockから実行環
境を再現します。先ほどと同様に、pip installコマンドの-rオプションで
requirements.lockを指定して実行すると、先ほどと同じバージョンのパッケ
ージがインストールされ、実行環境が再現されます。新しい仮想環境newenvを
作成し、そこに環境を再現してみましょう。

```
(venv) $ deactivate
$ python3 -m venv newenv
$ . newenv/bin/activate
(newenv) $ pip install -q -U pip

# requirements.lockから環境を再現
(newenv) $ pip install -r requirements.lock
 (省略)
```

　これで実行環境が再現できました。インストールされたパッケージとそのバ
ージョンを確認すると、先ほどと同じ結果になっています。

```
(newenv) $ pip list
Package      Version
------------ -------
peppercorn   0.6
pip          19.3.1
sampleproject 1.3.1
setuptools   41.2.0
```

　バージョンの確認ができたら仮想環境newenvは無効化し、削除してください。

```
(newenv) $ deactivate
$ rm -rf newenv
```

注18　pipとsetuptoolsはパッケージを管理するためのパッケージであるため、ここではカウントしてい
　　　ません。

●**開発環境でのみ利用するパッケージの管理**

テスト用パッケージなどの開発環境でのみ利用され、プロダクション環境に不要なパッケージは、実行環境を再現するためのrequirementsファイルとは別ファイルで管理します。筆者はよく `requirements_dev.txt` という名前で、次のようなファイルを作成しています。テストを実行する環境でのみ、このファイルに記載したパッケージを追加でインストールします。

requirements_dev.txt
```
pytest==5.2.2
```

●**依存パッケージのアップデート**

古いパッケージを長く使い続けていると、既知となった脆弱性を抱え込むリスクがあります。そのため、ライブラリのアップデートにはできるだけ追従したほうがよいでしょう。しかし、前述したとおりpipコマンドには不要になったパッケージを自動でアンインストールする機能がありません。そのため、特定のパッケージのみを指定してアップデートするだけでは、アップデートにより不要になったパッケージが残り続けます。そのため、依存パッケージのアップデートを行う際は、新たな仮想環境を作成し、そこに新しいバージョンで実行環境を作りましょう。

次のようにコマンドを実行すると、直接依存しているパッケージ（ここではsampleproejct）の最新版とその依存パッケージがインストールされ、更新があった場合には `requirements.lock` も更新されます。これで必要なパッケージのみがインストールされた新しい実行環境が作られました。

```
# 古い環境を削除して新しい仮想環境を作成
$ rm -rf venv
$ python3 -m venv venv
$ . venv/bin/activate
(venv) $ pip install -r requirements.txt
(venv) $ pip freeze > requirements.lock
```

直接依存しているパッケージのメジャーバージョンを固定しておきたい場合は `requirements.txt` で指定できます。たとえば、次のように指定すると、sampleprojectパッケージは1.xの最新版がインストールされます。

requirements.txt
```
sampleproject==1.*
```

バージョン1.3以上で1.xの最新版を指定したい場合には、sampleproject>=1.3,==1.*もしくはsampleproject~=1.3を指定します。バージョンの指定に使える記号の一覧と詳細は、PEP 440の「Version specifiers」[注19]を確認してください。

実行環境のアップデート方法を確認できたら、この仮想環境venvは無効化し、削除してください。

```
(venv) $ deactivate
$ rm -rf venv
```

11.3
パッケージの作成

ここまでの内容で、配布されているパッケージを利用できるようになりました。ここからは自分でパッケージを作成し、PyPIで配布する方法を紹介します。パッケージの作成と言っても、作業の中心はsetup.pyファイルの作成です。

Pythonのエコシステムは、パッケージングに必要な情報をsetup.pyから取得します。setup.pyが用意されているパッケージは、先ほどのようにソースコードリポジトリから直接インストールできます。しかし、もう一歩がんばってPyPIに登録すると、誰もがより簡単にそのパッケージを使い始められます。PyPIへの登録は少し緊張する作業ですが、テスト用の環境である「TestPyPI」[注20]が用意されており、そちらでリリース手順や成果物を事前に確認できます。

setup.py —— パッケージの情報をまとめたファイル

setup.pyは、Pythonのプログラム一式をパッケージとしてまとめるためのスクリプトです。パッケージング関連のコマンドも提供してくれるため、パッケージング関連のエコシステムが今ほど整備される前は、python setup.py installコマンドなどを手動で実行して、パッケージのインストールや管理を行っていました。setup.pyのコマンドはユーザーによる追加も可能で、のちほど紹介するwheelパッケージのように便利なコマンドを追加してくれるパッケージもあります。

setup.pyにはsetup()関数を呼び出す処理を記載して、その引数でパッケー

注19　https://www.python.org/dev/peps/pep-0440/#version-specifiers
注20　https://test.pypi.org/

ジ名やバージョン情報、パッケージに含める Python モジュールなどの情報を渡します。setup() 関数は標準ライブラリ distutils が持つ関数ですが、多くの場合は PyPI が管理する setuptools モジュールで拡張したものが利用されます。

setup.py は、その名前からわかるとおり Python モジュールです。そのため、静的に設定値を記述するだけではなく、必要な情報をディレクトリやほかのファイルからパースして動的にも収集することもできます[注21]。

●パッケージのディレクトリ構成

ここからは、実際にパッケージを作成していきます。本書では pythonbook というパッケージ名で進めますが、パッケージ名はお好みの名前を利用してください。利用できる文字は小文字、数字、-、_ ですが、できるだけ- や _ は使わずにシンプルな一語にすることをお勧めします[注22]。また、PyPI に登録できるパッケージ名は早い者勝ちですので、同じ名前のパッケージが PyPI に登録されていないことも確認してください。

作成するパッケージ名が pythonbook の場合、次に示すディレクトリ構成にします。バージョン管理システムを利用するときは、setup.py のある場所がトップレベルになります。

```
workspace
├────── pythonbook
│         └────── __init__.py
└────── setup.py
```

自分が開発した Python モジュールは、すべて pythonbook パッケージの中に含めます。ここでは __init__.py に最低限のコードのみを記載しています。

pythonbook/__init__.py
```
def main():
    print('pythonbook')
```

注21　詳細には触れませんが、実行可能なスクリプトに設定情報を書きたくない場合は、setup.cfg に setup.py とほぼ同等のパラメータを記述できます。また、「PEP 518 -- Specifying Minimum Build System Requirements for Python Projects」ではビルドに関する情報を pyproject.toml にまとめるための議論が進行しています。https://www.python.org/dev/peps/pep-0518/

注22　Python モジュールでは単語の区切りに _ を用いますが、パッケージ名では - を利用することも多いです。そのため、二語以上の場合は、インストール時やインポート時に名前を間違えるなどの混乱を招きます。また、pytest のように一語にしておくと、pytest-cov や pytest-env のようなパッケージ名を利用したプラグイン機構も導入しやすくなります。

● setup.pyの基本

それでは、このパッケージ用にsetup.pyを実装します。次はpythonbookパッケージをインストール可能なものにする、最小限のsetup.pyの実装です。

```python
# setup.py
from setuptools import setup, find_packages

setup(
    name='pythonbook',
    version='1.0.0',
    packages=find_packages(),
)
```

setup.pyでは、このようにパッケージングに必要な情報を引数にしてsetup()関数を呼び出します。パッケージ名は引数nameで、パッケージのバージョンは引数versionで指定します。なお、Pythonのパッケージのバージョンは、major.minor.microというSemantic Versioningをベースにしたバージョニングが推奨[注23]されています。

引数packagesには、このパッケージに含めるPythonパッケージ名のリストを渡します。サブパッケージも含めてすべてのパッケージを列挙する必要があり手動管理はたいへんですので、ディレクトリ内のすべてのパッケージ名を列挙してくれるfind_packages()関数を利用するとよいでしょう。除外したいパッケージがある場合は、find_packages(exclude=['tests'])のように指定できます。

新しい仮想環境を用意して、このパッケージをインストールしてみましょう。

```
$ python3 -m venv venv
$ . venv/bin/activate
(venv) $ pip install -q -U pip
(venv) $ pip install -e .
Obtaining file:///Users/rhoboro/workspace
Installing collected packages: pythonbook
  Running setup.py develop for pythonbook
Successfully installed pythonbook
(venv) $ pip list
Package     Version Location
----------- ------- ------------------------
pip         19.3.1
pythonbook  1.0.0   /Users/rhoboro/workspace
setuptools  41.2.0
```

注23 https://packaging.python.org/guides/distributing-packages-using-setuptools/#semantic-versioning-preferred

ここで作成したsetup.pyはとりあえず動くレベルのものです。実際に利用する setup.pyでは、setup()関数にもっと多くの引数を渡します。ここからはユースケースごとに必要な引数を紹介します。

● PyPIへの登録を考慮する

PyPIへの登録を予定しているパッケージでは、そのパッケージを利用できる Pythonバージョン、依存パッケージ、パッケージの説明文、作者、ライセンスなどの情報が必要になります。これらの情報をsetup()関数の引数に追加した setup.pyを次に示します。各引数の詳細は、コメントに記載しています。

setup.py

```python
from setuptools import setup, find_packages


setup(
    name='pythonbook',
    version='1.0.0',
    packages=find_packages(),

    # 作者、プロジェクト情報
    author='rei suyama',
    author_email='rhoboro@gmail.com',

    # プロジェクトのホームページのURL
    url='https://github.com/rhoboro/pythonbook',

    # 短い説明文と長い説明文を用意
    # content_typeは下記のいずれか
    # text/plain, text/x-rst, text/markdown
    description='This is a test package for me.',
    long_description=open('README.md').read(),
    long_description_content_type='text/markdown',

    # Pythonバージョンは3.6以上で4未満
    python_requires='~=3.6',

    # PyPI上での検索、閲覧のために利用される
    # ライセンス、Pythonバージョン、OSを含めること
    classifiers=[
        'License :: OSI Approved :: MIT License',
        'Programming Language :: Python :: 3',
        'Programming Language :: Python :: 3.6',
        'Programming Language :: Python :: 3.7',
```

```
        'Programming Language :: Python :: 3.8',
        'Operating System :: OS Independent',
    ],
)
```

あわせて、README.md、LICENSE.txt、MANIFEST.inの3つのファイルを追加します。

README.md と LICENSE.txt はこの時点では空ファイルでもよいですが、パッケージの公開までに用意します。README.md にはユーザーに伝えたいことを自由に記述し、LICENSE.txt にはライセンス情報を記載します。LICENSE.txt を作成する際は、GitHubのテンプレート[注24] が便利です。

MANIFEST.in は配布物に含めるファイルを指定するファイルです。ここでは、次の内容で用意してください。

MANIFEST.in
```
include LICENSE.txt
include *.md
```

ここまでの内容で、ディレクトリ内は次の構成になっています。

```
workspace
├──── LICENSE.txt
├──── MANIFEST.in
├──── README.md
├──── pythonbook
│         └──── __init__.py
└──── setup.py
```

● **依存パッケージを考慮する**

もし標準ライブラリ以外のパッケージを利用している場合は、その情報を setup()関数の引数install_requiresに記載すると、パッケージのインストール時に不足している依存パッケージもインストールされます。

たとえば、直接依存しているパッケージがClick と sampleprojectである場合、次のように記載します[注25]。pip install コマンドと同じく、バージョンや取得元も指定できます。バージョン管理システムから取得する機能は、リリース前のパッケージでの動作確認などに便利です。

注24　https://help.github.com/en/articles/adding-a-license-to-a-repository#including-an-open-source-license-in-your-repository
注25　Clickは、第13章で作成するアプリケーションでも利用するパッケージです。

```setup.py
（省略）
setup(
（省略）
    install_requires=[

        # Clickのバージョンは7.0以上8未満
        'Click~=7.0',

        # sampleprojectをコミットを指定して取得
        'sampleproject@git+https://github.com/pypa/sampleproject#sha1=2cf198529c
6c5a4fa50c28505ce6a90266b89868',  （実際は1行）
    ],
)
```

　また、同じく setup() 関数の引数 extras_require を使うと、特定の機能での
み利用したいパッケージを記述できます。たとえば、開発中のパッケージにス
トレージ選択機能があり、Amazon S3(*Simple Storage Service*)か Google Cloud Storage
のいずれかを選択できるとします。この場合、次のようにそれぞれの依存パッ
ケージを指定できます。

```setup.py
（省略）
setup(
（省略）
    extras_require={
        's3': ['boto3~=1.10.0'],
        'gcs': ['google-cloud-storage~=1.23.0'],
    },
)
```

　Amazon S3 を利用したいユーザーは pip install pythonbook[s3] を、Google
Cloud Storage を利用したいユーザーは pip install pythonbook[gcs] を実行す
ると、それぞれ必要な追加パッケージのみがインストールされます[注26]。

● .py以外のファイルを考慮する

　パッケージを動かすために、設定ファイルや画像ファイルなどの Python モジ
ュール以外のファイルが必要な場合もあります。しかし、デフォルトでは配布

注26　利用しているシェルの種類によっては pip install pythonbook\[s3\] のようにエスケープが必要で
　　　す。また、ローカルからのインストールも pip install -e .[s3] のように実行できます。

物のパッケージにはPythonモジュールしかコピーされません。そこで、Python
モジュール以外のファイルをパッケージに含める方法を紹介します。

　ここでは、次のパッケージ構成を例に考えます。pythonbook/data/ 以下のフ
ァイルはパッケージに含めて配布しますが、pythonbook/testdata/ 以下のファ
イルは配布しません。

```
pythonbook
├── __init__.py
├── data
│     └── data_file  # 配布する
└── testdata
      └── data_file  # 配布しない
```

　この場合は、setup() 関数に引数 package_data を追加します。package_data
の値は、パッケージ名とパッケージに含めるファイルのパスのリストで作成し
た辞書です。パッケージに含めるファイルのパスは相対パスで記載します。

```
setup.py
（省略）
setup(
（省略）
    package_data={'pythonbook': ['data/*']},
)
```

　この内容でインストールコマンドを実行してみましょう。site-packages/ ディ
ィレクトリにインストールされたパッケージを確認すると data/ が見つかりま
す。同時に testdata/ が含まれていないことも確認できます。

```
# コピーされる内容を確認したいので-eオプションは不要
(venv) $ pip install .
Processing /Users/rhoboro/work/pythonbook
Installing collected packages: pythonbook
  Running setup.py install for pythonbook ... done
Successfully installed pythonbook-1.0.0

# pythonbook/data/のみ含まれている
(venv) $ ls venv/lib/python3.8/site-packages/pythonbook/
__init__.py __pycache__ data
(venv) $ ls venv/lib/python3.8/site-packages/pythonbook/data/
data_file
```

　引数package_dataは、その名のとおりパッケージ内部に含めるデータを期待しています。詳細は省略しますが、パッケージの外部にあるファイルをメタデータとして配布したい場合は、setup()関数の引数data_filesを利用してください。

　本書で紹介しなかった引数も含めて、setup()関数の詳細は「Python Packaging User Guideの Packaging and distributing projects」[注27]にあります。こちらも確認してください。

PyPIへのパッケージの登録

　自分が開発したPythonのプログラムをほかの人にも使ってもらうには、そのパッケージをPyPIに登録することが一番です。setup.pyを用意してパッケージのインストールができることを確認したら、PyPIに登録しましょう。

● PyPIのアカウント作成

　PyPIにパッケージを登録するにはアカウントの作成が必要です。アカウントの作成は、PyPIの右上にある「Register」[注28]から行います。また、テスト用の環境であるTestPyPI[注29]でも、同様の手順でアカウントを作成してください。

　アカウントが作成できたら、PyPIの設定ファイルを作成します。ホームディレクトリに次の内容で.pypircを作成してください。

```
~/.pypirc
[distutils]
index-servers =
  pypi
  testpypi

[pypi]
username=<登録したアカウント>

[testpypi]
repository=https://test.pypi.org/legacy/
username=<登録したアカウント>
```

注27　https://packaging.python.org/guides/distributing-packages-using-setuptools/#setup-args
注28　https://pypi.org/account/register/
注29　https://test.pypi.org

●配布物の作成

PyPIにパッケージを登録するには、setup.pyが提供するコマンドを通じてソースコードから配布物を作成し、その配布物をPyPIにアップロードします。配布物の形式にはいくつか種類がありますが、本書では公式ドキュメントの「Packaging your project」[注30]に従い、ソースコード形式とwheel形式でアップロードします。コンパイル済みのC拡張を含められるwheel形式は、インストールが速く、環境依存によるトラブルを減少できるなどのメリットがあります[注31]。

それではまず、ソースコード形式の配布物から作成しましょう。sdistコマンドを実行するとdist/にtar.gzファイルが作成されます。

```
(venv) $ python3 setup.py sdist
(venv) $ ls dist
pythonbook-1.0.0.tar.gz
```

同様にwheel形式でも作成します。wheel形式で配布物を作成するためには、あらかじめpip install wheelを実行しておく必要があります。wheelパッケージのインストールが完了するとsetup.pyにbdist_wheelコマンドが追加されます。このコマンドを実行すると、先ほどと同じdist/にwheel形式で配布物pythonbook-1.0.0-py3-none-any.whlが作成されます。このファイルの名前は、命名規則{distribution}-{version}(-{build tag})?-{python tag}-{abi tag}-{platform tag}.whlに従ったものになっています。wheel形式や命名規則のより詳細な情報は「PEP 427 – The Wheel Binary Package Format 1.0」[注32]を確認してください。

```
(venv) $ pip install wheel==0.33.6
(venv) $ python3 setup.py bdist_wheel
(venv) $ ls dist
pythonbook-1.0.0-py3-none-any.whl pythonbook-1.0.0.tar.gz

# whlファイルの実体はZIPファイル
(venv) $ file dist/pythonbook-1.0.0-py3-none-any.whl
dist/pythonbook-1.0.0-py3-none-any.whl: Zip archive data, at least v2.0 to ⏎
extract
```

注30 https://packaging.python.org/guides/distributing-packages-using-setuptools/#packaging-your-project
注31 ソースコード形式の配布物の場合は、クライアント環境でwheel形式が作成されます。そのため、C拡張を含まない.pyファイルのみのパッケージであっても、あらかじめwheel形式の配布物を用意しておく方が高速にインストールされます。
注32 https://www.python.org/dev/peps/pep-0427/

●配布物のアップロード

　配布物の作成が完了したら、残りの作業はアップロードのみです。ただし、軽微な修正であっても同じバージョンでの再アップロードはできないため注意が必要です。したがって、ここではTestPyPIを利用してアップロード手順や表示内容、配布物の動作を事前に確認する方法を紹介します。

　まずはTestPyPIへのアップロードをとおして、配布物のアップロード手順を確認します。PyPIへのアップロードは専用のパッケージであるtwineを利用します。twineパッケージをインストールし twine uploadコマンドを実行すると、配布物のアップロードが始まります。このとき、-rオプションを使って~/.pypirc に記載したテスト環境を指定します。

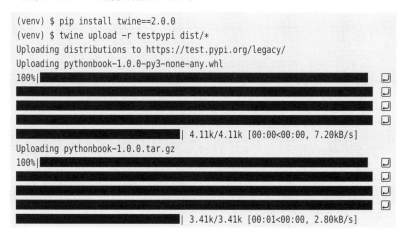

```
(venv) $ pip install twine==2.0.0
(venv) $ twine upload -r testpypi dist/*
Uploading distributions to https://test.pypi.org/legacy/
Uploading pythonbook-1.0.0-py3-none-any.whl
100%|

                                        | 4.11k/4.11k [00:00<00:00, 7.20kB/s]
Uploading pythonbook-1.0.0.tar.gz
100%|

                                        | 3.41k/3.41k [00:01<00:00, 2.80kB/s]
```

　アップロードが完了したらhttps://test.pypi.org/project/パッケージ名/ にアクセスし、表示内容を確認してください。もし修正の必要がある場合は、setup.pyに記載したパッケージのバージョンを更新してから修正作業を行います。dist/に古い配布物が残っていないことを確認し、もう一度アップロードを実行してください。

　表示内容に問題がなければ、アップロードされたパッケージで動作確認を行います。pip installの-iオプションでパッケージの取得元を指定して実行します。

```
# まっさらな仮想環境を用意
(venv) $ deactivate
$ python3 -m venv newenv
$ . newenv/bin/activate
```

```
# TestPyPIからインストールして動作確認
(newenv) $ pip install -i https://test.pypi.org/simple/ pythonbook
(newenv) $ python3 -q
>>> from pythonbook import main
>>> main()
pythonbook
```

　最後に本番環境であるPyPIにアップロードして動作確認を行いましょう。これでパッケージの登録作業は完了となります。

```
(newenv) $ twine upload -r pypi dist/*
```

11.4
本章のまとめ

　本章では仮想環境の使い方とパッケージの管理方法、作成方法を紹介しました。

　Pythonで開発を行う際は、常に仮想環境を利用し、パッケージはすべて仮想環境にインストールします。また、仮想環境は長期間メンテナンスし続けるのではなく、いつでも気軽に削除し、作りなおせる状態を維持しましょう。そうすることで、開発メンバーの入れ替わりやテスト、リリース時の負担を減らせて、トラブルを未然に防げます。

## 第 12 章

ユニットテスト

ユニットテストとは、主に関数やメソッドの単位で行うテストを指し、自分が書いたコードが意図したとおりに動くか確認するために行います。

本章では、unittestモジュールを利用して、Pythonのプロジェクトでユニットテストを行う方法を紹介します。前半ではunittestモジュールの基本的な使い方を紹介し、後半ではユースケース別のテストケースを紹介します。過不足のないテストケースをすばやく書くには慣れが必要です。実際に手を動かしながら読み進めてください。

12.1
ユニットテストの導入

バグが少なく、安定したプロジェクト開発を行うためには、テストの自動化が欠かせません。ここでは、標準ライブラリのunittestモジュールを利用してユニットテストを行う方法を紹介します。unittestモジュールには必要な機能が十分にそろっており、これからユニットテストを導入するシーンには最適です。また、外部のテストパッケージを利用する場合であっても、unittestモジュールが提供するモックオブジェクトやパッチはそのまま使われることも多く、必須の知識と言えます。

単一モジュールのテスト

小さなモジュール1つで構成されるプログラムでは、次のようにアプリケーションコードとテストをまとめて記述できます。BookSearchTestクラスは、同じモジュール内で定義されたbookserch()関数の戻り値を確認するテストになっています。

```
b,booksearch_module.py
import unittest

# アプリケーションコード
def booksearch():
    # 任意の処理
    return {}

class BookSearchTest(unittest.TestCase):
    # booksearch()のテストコード
```

```
    def test_booksearch(self):
        self.assertEqual({}, booksearch())
```

詳細は後述しますが、python3 -m unittest booksearch_module.pyを実行すると、このモジュールのテストを実行できます。次のように結果が出力されると、テストは成功です。出力結果のドット(.)は成功したテストケースの数を表し、-vオプションを付けるとよりわかりやすく表示されます。

```
$ python3 -m unittest booksearch_module.py
.
----------------------------------------------------------------------
Ran 1 test in 0.000s

OK

# -vオプションで詳細な情報を表示
$ python3 -m unittest -v booksearch_module.py
test_booksearch (booksearch_module.BookSearchTest) ... ok

----------------------------------------------------------------------
Ran 1 test in 0.000s

OK
```

●テスト実行コマンドの簡略化

テストの実行を頻繁に繰り返す場合は、ファイルの末尾に次のコードを加えるとよいでしょう。

```
booksearch_module.py
（省略）

if __name__ == '__main__':
    unittest.main()
```

この状態でpython3 booksearch_module.py -vを実行すると、先ほどと同じくテストが実行されます。

```
$ python3 booksearch_module.py -v
test_booksearch (__main__.BookSearchTest) ... ok

----------------------------------------------------------------------
Ran 1 test in 0.000s

OK
```

　このように、1つのモジュールのみで完結するプロジェクトであれば、アプリケーションコードとテストコードをまとめて管理できます。

パッケージのテスト

　多くのプロジェクトは、複数のモジュールを含んだパッケージとして開発されます。そのようなプロジェクトでは、テストコードをアプリケーションコードから分離して管理します。これには、アプリケーションコードの変更とテストコードの変更を明確に区別できる、テストのみを独立して実行できる、配布物や本番環境からテストコードを除外できるなどのメリットがあります。

●ディレクトリ構成

　ここからは、サンプルプロジェクトを用意し、そこにテストケースを追加していきます。サンプルプロジェクトは書籍の検索を行うパッケージです。書籍の検索には、登録不要で使える「Google Books APIs」[注1]を利用します。
　まずは、**図12.1**のディレクトリ構成でサンプルプロジェクト用のディレクトリとファイルを作成してください。この構成は11.3節で紹介した構成で、アプリケーションコードはすべて1つのパッケージ(ここではbooksearch/)内に格納

注1　https://developers.google.com/books/docs/overview

図12.1 サンプルプロジェクトの構成

しています。ファイルの中身は後述するため、ここでは空でかまいません。

続いて、**図12.2**のようにテストコードを格納する tests/ ディレクトリと空のテストモジュールを追加します[注2]。アプリケーションのモジュールごとに対応するテストモジュールを用意し、必要に応じて追加のテストモジュールを用意するとよいでしょう。テストモジュールの名前はtestで始まることが期待されているため、test_+元のモジュール名にします。もしアプリケーションがサブパッケージを含む場合は、tests/内にも同名のディレクトリを作成し、アプリケーションと同じ構成にしておくとテストコードの管理が楽になります。

将来プロジェクトがどのように成長するかはわかりませんが、Pythonではプロジェクトの規模や利用するテストフレームワークによらず、このディレクトリ構成が広く利用されています。

アプリケーションコードもテストケースもまだ未実装ですが、この状態でもテストは実行できます。コマンドや結果の詳細は後述しますが、次のコマンドを実行すると tests/ 内のすべてのテストケースが一括で実行されます。

```
$ python3 -m unittest

----------------------------------------------------------------

Ran 0 tests in 0.000s

OK
```

注2　Pythonの標準ライブラリには内部利用専用のtestパッケージが定義されています。モジュール名のバッティングによる予期せぬトラブルを避けるためにも、test.pyやtestパッケージの作成は避けたほうがよいでしょう。

図12.2 テストパッケージの追加後の構成

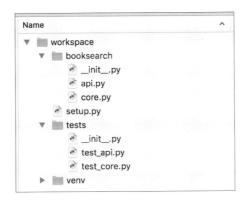

●**サンプルアプリケーションの作成**

　本章では、このサンプルプロジェクトにテストケースを追加していきます。そのため、まずはテスト対象となるアプリケーションを用意します。booksearch/内の__init__.py、api.py、core.pyの3つのモジュールを、次の内容にしてください。ここで、booksearch.core.BookクラスはAPIレスポンスに含まれるVolumeInfo要素に対応するクラスです。VolumeInfo要素の詳細は、Google Books APIsのAPIリファレンス[注3]を確認してください。

`booksearch/__init__.py`
```python
from .core import Book, get_books
__all__ = ['Book', 'get_books']
```

`booksearch/api.py`
```python
import json
from urllib import request, parse

def get_json(param):
    with request.urlopen(build_url(param)) as f:
        return json.load(f)

def get_data(url):
    with request.urlopen(url) as f:
        return f.read()

def build_url(param):
    query = parse.urlencode(param)
    return ('https://www.googleapis.com'
            f'/books/v1/volumes?{query}')
```

`booksearch/core.py`
```python
import imghdr
import pathlib
from .api import get_data, get_json

class Book:
    """APIレスポンスのVolumeInfo要素に対応"""

    def __init__(self, item):
        self.id = item['id']
        volume_info = item['volumeInfo']
        for k, v in volume_info.items():
```

注3　https://developers.google.com/books/docs/v1/reference/volumes?hl=ja#method_books_volumes_get

```
            setattr(self, str(k), v)

    def __repr__(self):
        return str(self.__dict__)

    def save_thumbnails(self, prefix):
        """サムネイル画像を保存する"""
        paths = []
        for kind, url in self.imageLinks.items():
            thumbnail = get_data(url)

            # 画像データから拡張子を判定
            ext = imghdr.what(None, h=thumbnail)

            # pathlib.Pathは/演算子でパスを追加できる
            base = pathlib.Path(prefix) / f'{self.id}_{kind}'
            filename = base.with_suffix(f'.{ext}')
            filename.write_bytes(thumbnail)
            paths.append(filename)
        return paths

def get_books(q, **params):
    """書籍検索を行う"""
    params['q'] = q
    data = get_json(params)
    return [Book(item) for item in data['items']]
```

このパッケージは、次のようにキーワードによる書籍の検索ができます。

```
>>> from booksearch import get_books
>>> books = get_books(q='python')

# 実行時に取得されたデータによって結果は異なる
>>> books[0]
{'id': 'OgtBw760Y5EC', 'title': 'Pythonクイックリファレンス', ...
```

　書籍の検索機能が動くことが確認できたら、テストケースを追加していきましょう。テストケースの書き方は、利用するテストフレームワークにより変わります。本章では、テストフレームワークとして標準ライブラリのunittestモジュールを利用します。

12.2
unittestモジュール —— 標準のユニットテストライブラリ

unittestモジュールは、Javaのテストフレームワークである JUnit[注4] によく似た
フレームワークです[注5]。unittestモジュールを使うとテストランナーを通じて簡
単にテストを実行でき、テストの結果の収集、出力までを自動で行ってくれます。

テストケースの実装

unittestモジュールでは、次の手順でテストケースを作成します。

❶ testで始まる名前でテストモジュールを作成する
❷ unittest.TestCaseクラスのサブクラスを作成する
❸ testで始まる名前でテストメソッドを実装する
❹ テストメソッド内でテスト対象の処理を実行する
❺ テストメソッド内で1つ以上のアサーションメソッドを利用し、実行結果
　 を確認する（表12.1）

個々のテストケースは、その実行中に何らかの例外が送出されたら失敗とみ
なされます。アサーションメソッドは、引数で渡した値が意図した状態になっ
ていない場合に例外AssertionErrorを送出してテストを失敗させる、テスト用
のメソッド群です。

実際にテストケースを作成してみましょう。次のコードはbooksearch.api.
build_url()関数の正常系のテストケースです[注6]。

```
tests/test_api.py
import unittest

class BuildUrlTest(unittest.TestCase):
    def test_build_url(self):
        # build_url()がテスト対象の処理
```

注4　https://junit.org/junit5/
注5　JUnitに似たテストフレームワークは多くの言語で利用されており、それらを総称してxUnitと呼び
　　　ます。
注6　テスト対象メソッドをテストケース内でインポートしているのは、アプリケーションコードの変更
　　　により予期せぬインポートエラーが発生した場合でも、ほかのテストケースの実行を阻害させない
　　　ためです。

```
from booksearch.api import build_url
expected = 'https://www.googleapis.com/books/v1/volumes?q=python'
actual = build_url({'q': 'python'})
# アサーションメソッドの利用
self.assertEqual(expected, actual)
```

　テスト対象の関数が期待する戻り値を変数expectedに、実際に呼び出した結果を変数actualに格納し、アサーションメソッドassertEqual()で両者が一致することを確認しています。テストを実行した際、expectedとactualの不一致によりアサーションメソッドが失敗すると、このテストケースの結果は失敗となります。シンプルなテストケースですが、これがテストコードの基本形です。テスト対象の戻り値が引数にのみ依存し、副作用もない場合は、このコードをベースにしてテストケースを書けるでしょう。

　1つのテストケースに複数のアサーションメソッドを書いた場合は、アサーションメソッドが1つでも失敗した時点でそのテストケースの実行は終了します。たとえば、空の辞書をbuild_url()関数に渡したときのテストを追加することを考えます。このとき、次のテストケースでは最初のself.assertEqual(expected, actual)が失敗すると、追加した部分のテストコードは実行されません。

tests/test_api.py
```
（省略）
        actual = build_url({'q': 'python'})
        # アサーションメソッドの利用
        self.assertEqual(expected, actual)

        # これはよくない例
        # 上の行が失敗するとここ以下の行は実行されない
        expected2 = 'https://www.googleapis.com/books/v1/volumes?'
        actual2 = build_url({})
        self.assertEqual(expected2, actual2)
```

　このような場合は、確認したい項目ごとにテストケースを分けると、1回のテスト実行でより多くの情報を確実に得られます。

tests/test_api.py
```
（省略）
        actual = build_url({'q': 'python'})
        # アサーションメソッドの利用
        self.assertEqual(expected, actual)

    # これはよい例
```

```
def test_build_url_empty_param(self):
    from booksearch.api import build_url
    expected = 'https://www.googleapis.com/books/v1/volumes?'
    actual = build_url({})
    self.assertEqual(expected, actual)
```

● **前処理、後処理が必要なテストケース**

ユニットテストでは、個々のテストケースを独立して実行でき、何度実行しても結果が変わらないことが重要になります。

たとえば、booksearch.core.Bookクラスのメソッドsave_thumbnails()は、インターネットから取得したサムネイル画像を保存するメソッドです。したがって、このメソッドの正常系をテストする際には、テストの実行前に保存先ディレクトリにサムネイル画像が存在しないことを保証する必要があります。このようなケースでは、各テストケースの実行前に呼ばれるメソッドsetUp()、実行後に呼ばれるメソッドtearDown()を使い、テストの実行に必要な処理を実装します[注7]。

次の例では、メソッドsetUp()でテストケースの実行前に空の一時ディレクトリを作成し、メソッドtearDown()でその一時ディレクトリの片付けを行っています。標準ライブラリのtempfileモジュールは、このような一時ディレクトリや一時ファイルの作成に役立つモジュールです。

`tests/test_core.py`

```
import pathlib
import unittest
```

注7　クラスレベルでの前処理と後処理を実装できるクラスメソッドsetUpClass()とtearDownClass()、モジュールレベルでの前処理と後処理を実装できる関数setUpModule()とtearDownModule()もあります。

表12.1 主なアサーションメソッド一覧

メソッド名	確認事項
assertEqual(a, b)	a == b
assertTrue(x)	bool(x) is True
assertIsNone(x)	x is None
assertIn(a, b)	a in b
assertAlmostEqual(a, b)	round(a-b, 7) == 0

※公式ドキュメントから一部を抜粋 https://docs.python.org/ja/3/library/unittest.html#test-cases

```python
from tempfile import TemporaryDirectory

THUMBNAIL_URL = (
    'http://books.google.com/books/content'
    '?id=OgtBw76OY5EC&printsec=frontcover'
    '&img=1&zoom=1&edge=curl&source=gbs_api'
)

class SaveThumbnailsTest(unittest.TestCase):
    def setUp(self):
        # 一時ディレクトリを作成する
        self.tmp = TemporaryDirectory()

    def tearDown(self):
        # 一時ディレクトリを片付ける
        self.tmp.cleanup()

    def test_save_thumbnails(self):
        from booksearch.core import Book
        book = Book({'id': '', 'volumeInfo': {
            'imageLinks': {
                'thumbnail': THUMBNAIL_URL
            }}})
        # 処理を実行し、ファイルが作成されることを確認する
        filename = book.save_thumbnails(self.tmp.name)[0]
        self.assertTrue(pathlib.Path(filename).exists())
```

　もしメソッドsetUp()の実行中に例外が発生すると、そのテストケースは実行されず、テスト結果はエラーとなります。この場合はメソッドtearDown()も呼び出されません。

　詳細は省略しますが、もし確実なクリーンアップが必要な場合は、そのクリーンアップ処理を関数にまとめてメソッドaddCleanup()に渡すと、エラー時にも実行されるようになります。メソッドaddCleanup()に渡したクリーンアップ処理はtearDown()の呼び出し後、最後に追加したものから順に呼び出されます[注8]。

テストの実行と結果の確認

　それでは、ここまでで実装したテストを実行してみましょう。

注8　addCleanup()で追加した処理は、tearDown()が呼ばれない場合でも呼び出されます。

```
$ python3 -m unittest
...
--------------------------------------------------------------------
Ran 3 tests in 0.899s

OK
```

1行目のドット（.）は成功したテストの数と対応しています。もしテストが失敗した場合は、.の代わりにFが表示されます。-vオプションを付けて実行すると、もう少し詳細な情報が表示されます。

```
$ python3 -m unittest -v
test_build_url (test_api.BuildUrlTest) ... ok
test_build_url_empty_param (test_api.BuildUrlTest) ... ok
test_save_thumbnails (test_core.SaveThumbnailsTest) ... ok

--------------------------------------------------------------------
Ran 3 tests in 0.337s

OK
```

● **テスト失敗時の結果**

続いて、テストが失敗する際の出力も確認しておきましょう。次のテストケースを追加してください。アサーションメソッドに引数msgを渡すと、テスト失敗時にそのメッセージを表示してくれます。

```
tests/test_api.py
class BuildUrlTest(unittest.TestCase):
    （省略）
    def test_build_url_fail(self):
        from booksearch.api import build_url
        expected = 'https://www.googleapis.com/books/v1/volumes'
        actual = build_url({})
        self.assertEqual(expected, actual,
                         msg='このテストは失敗します')
```

それではテストを実行してみましょう。

```
$ python3 -m unittest -v
test_build_url (test_api.BuildUrlTest) ... ok
test_build_url_empty_param (test_api.BuildUrlTest) ... ok
test_build_url_fail (test_api.BuildUrlTest) ... FAIL
```

```
test_save_thumbnails (test_core.SaveThumbnailsTest) ... ok

======================================================================
FAIL: test_build_url_fail (test_api.BuildUrlTest)
----------------------------------------------------------------------
Traceback (most recent call last):
  File "/Users/rhoboro/workspace/tests/test_api.py", line 23, in test_buil ⏎
d_url_fail
    msg='このテストは失敗します')
AssertionError: 'https://www.googleapis.com/books/v1/volumes' != 'https://w ⏎
ww.googleapis.com/books/v1/volumes?'
- https://www.googleapis.com/books/v1/volumes
+ https://www.googleapis.com/books/v1/volumes?
?                                            +
 : このテストは失敗します


----------------------------------------------------------------------
Ran 4 tests in 0.397s

FAILED (failures=1)
```

　失敗したテストケースでは、okと表示される代わりにFAILと表示されました。このとき、AssertionError:以降にはテスト実行時にどのような引数がアサーションメソッドに渡され、なぜ失敗したかが出力されています。また、アサーションメソッドに渡したメッセージも確認できます。

● **テスト失敗時の結果を抑制する**

　このテストケースは失敗することがわかっているため、次に進む前にそれを明示しておきます。次のようにデコレータunittest.expectedFailureを付けてください。

tests/test_api.py
```
class BuildUrlTest(unittest.TestCase):
    （省略）
    @unittest.expectedFailure
    def test_build_url_fail(self):
```

　もう一度テストを実行すると、今度はexpected failureと表示され、詳細の表示が抑制されました。もし意図に反して成功してしまった場合はunexpected successと表示されるので、異常を早期に発見できます。

```
$ python3 -m unittest -v
test_build_url (test_api.BuildUrlTest) ... ok
test_build_url_empty_param (test_api.BuildUrlTest) ... ok
test_build_url_fail (test_api.BuildUrlTest) ... expected failure
test_save_thumbnails (test_core.SaveThumbnailsTest) ... ok


----------------------------------------------------------------------
Ran 4 tests in 0.400s

OK (expected failures=1)
```

　デコレータunittest.expectedFailureは、複雑なリファクタリングで細かな
コミットが難しいときに役立つ機能です。しかし、このデコレータはあくまで
も一時的な対応でのみ利用し、可能な限り早くすべてのテストが成功する状態
に戻しましょう。

特定のテストのみを実行する

　いくつかテストケースを実装できたので、あらためてテストの実行方法につ
いて詳しく見ていきましょう。unittestモジュールを使ったテストの裏では、
テストローダと呼ばれる機構がクラスとモジュールからテストケースを収集し、
それをもとにテストスイートが作成されます。テストスイートとは、同時に実
行するテストケースの集合を指します。テストスイートの集合もまたテストス
イートになります。

●テストケースを直接指定
　テストの実行コマンドでは次のようにモジュール、クラス、メソッドを直接
指定できます。この場合、テストローダはその範囲内からテストスイートを作
成します。モジュールを指定する場合はファイルパスでも指定できますが、ク
ラスやメソッドまで指定する場合はドット(.)区切りで指定します。また、これ
らは複数指定してもかまいません。

```
# モジュールを指定
# 実行されるテストの数が4つから3つに減る
$ python3 -m unittest -v tests.test_api
test_build_url (tests.test_api.BuildUrlTest) ... ok
test_build_url_empty_param (tests.test_api.BuildUrlTest) ... ok
test_build_url_fail (tests.test_api.BuildUrlTest) ... expected failure
```

```
------------------------------------------------------------
Ran 3 tests in 0.049s

OK (expected failures=1)

# クラスを指定
$ python3 -m unittest -v tests.test_api.BuildUrlTest
 (省略)

# メソッドを指定
$ python3 -m unittest -v tests.test_api.BuildUrlTest.test_build_url
 (省略)

# 複数指定
$ python3 -m unittest -v tests.test_api tests.test_core
 (省略)
```

　このしくみを活用するためにも、関連するテストケースはパッケージやモジュール、クラスを使ってまとめておきましょう。より細かなカスタマイズを行いたい場合は、公式ドキュメントの「テストコードの構成」[注9] を確認してください。

● テストディスカバリ

　unittest モジュールのテストローダは、クラスとモジュールからテストケースを収集します。そのため、これを再帰的に実行するテストディスカバリと呼ばれるしくみがあります。このしくみを使うと、パッケージ内のすべてのテストケースを一括で実行できます。

　実はここまでテストの実行で利用してきた python3 -m unittest コマンドは、テストディスカバリを開始する python3 -m unittest discover コマンドと等価なコマンドです。このコマンドはカレントディレクトリを起点に、test*.py という名前のモジュールからテストケースを収集します。起点となるディレクトリは -s オプションで、テストケースを収集するモジュール名のパターンは -p オプションで指定できます。

注9　https://docs.python.org/ja/3/library/unittest.html#organizing-test-code

```
# 実行するテストモジュールの名前を指定
$ python3 -m unittest discover -s tests -p 'test_c*.py' -v
test_save_thumbnails (test_core.SaveThumbnailsTest) ... ok


----------------------------------------------------------------------
Ran 1 test in 0.362s

OK
```

　ここまででテストの実行環境が整い、いくつかのテストケースを動かせるようになりました。環境が整ったら、あとは本体のコードと同時にテストも成長させていくのみです。

12.3
unittest.mockモジュール —— モックオブジェクトの利用

　実際にテストケースを書いていると「この処理のテストはどう書くんだろう？」というシーンが出てきます。代表的な例が、テスト環境が用意されていないデータベースやWeb APIへのアクセスです。可能な限り本番環境に近いテスト環境を用意すべきですが、それが難しい場合にはモックオブジェクトを利用します。

モックオブジェクトの基本的な使い方

　モックオブジェクトは、その名のとおり任意のオブジェクトのように振る舞える便利なオブジェクトで、unittest.mockモジュールで提供されています。このモジュールを利用すると、あたかもデータベースやWeb APIにアクセスしているかのように処理をモック化して実行できます。また、時間のかかる重い処理をモック化すると、テストの実行時間の短縮も期待できます。

●任意の値を返す呼び出し可能オブジェクトとして利用する

　モックオブジェクトのインスタンスは、呼び出し可能オブジェクトです。基本のモックオブジェクトであるunittest.mock.Mockクラスで、モックオブジェクトの動きを確認しましょう。インスタンス化時の引数return_valueで戻り値をセットしておくと、呼び出された際にセットしておいた戻り値を返してくれます。

```
>>> from unittest.mock import Mock

# 引数で戻り値を設定
>>> mock = Mock(return_value=3)
>>> mock()
3

# return_valueは後からでも設定できる
>>> mock.return_value=4

# 呼び出し時に引数は戻り値に影響しない
>>> mock(1)
4
```

　これがモックオブジェクトの基本的な振る舞いです。より細かく挙動を制御したい場合は、引数 return_value の代わりに引数 side_effect を利用します。引数 side_effect には関数、イテラブル、例外のいずれかを指定できます。

```
# 関数の場合は引数がそのまま渡される
>>> mock = Mock(side_effect=lambda x: x % 2)
>>> mock(3)
1

# side_effectは後からでも設定できる
# イテラブルの場合は呼び出しごとに前から順に返される
>>> mock.side_effect=[2, 1]
>>> mock()
2
>>> mock()
1

# 例外クラスやそのインスタンスの場合はその例外が送出される
>>> mock.side_effect = ValueError('エラーです')
>>> mock()
（省略）
ValueError: エラーです
```

　モックオブジェクトを利用するテストケースでは、モック化したい関数やメソッド、クラスオブジェクトを事前にモックオブジェクトに置き換えてから、テスト対象の処理を実行します。置き換えには、のちほど紹介する unittest. mock.patch() 関数を利用します。

●**アサーションメソッドで呼び出され方をテストする**

　モックオブジェクトには、任意の値を返す機能以外にもう一つの重要な機能
があります。それはモックオブジェクトが持つassert_not_called()やassert_
called_once()などのアサーションメソッドです。これらのアサーションメソ
ッドを使うと、モックオブジェクトが呼び出された回数を確認できます。

```
>>> mock = Mock(return_value=3)

# まだ一度も呼び出されていないことを確認
>>> mock.assert_not_called()

# 一度だけ呼び出されていることを確認
# まだ一度も呼び出されていないのでエラーになる
>>> mock.assert_called_once()
（省略）
AssertionError: Expected 'mock' to have been called once. Called 0 times.

# 呼び出してみる
>>> mock(1, a=2)
3

# 呼び出されているのでエラー
>>> mock.assert_not_called()
（省略）
AssertionError: Expected 'mock' to not have been called. Called 1 times.

# 一度だけ呼び出されていることを確認
>>> mock.assert_called_once()
```

　同様に、assert_called_once_with()やassert_called_with()を使うと、呼
び出された時の引数が意図したとおりになっていたかも確認できます。

```
# 呼び出され方を確認
>>> mock.assert_called_once_with(1, a=2)
>>> mock.assert_called_once_with(1, a=3)
（省略）
AssertionError: Expected call: mock(1, a=3)
Actual call: mock(1, a=2)

# 呼び出し回数は確認せず、一部の引数のみを確認
>>> from unittest.mock import ANY
>>> mock.assert_called_with(1, a=ANY)
```

patchを使ったオブジェクトの置き換え

unittest.mock.patch()関数は、第一引数で指定された名前で参照されているオブジェクトをモックオブジェクトに置き換えます。第一引数にはドット(.)区切りの文字列を渡し、実行時に検索される名前で指定します[注10]。

patch()関数は、コンテキストマネージャーとしてwith文で利用できます。withブロック内がパッチが当たった状態となるので、asキーワードに渡される置き換え後のモックオブジェクトに戻り値などを指定します。次は対話モードでインポートした関数にパッチを当てる例です。

```
>>> from booksearch import get_books
>>> from unittest.mock import patch

# 対話モードでは__main__モジュールから名前を指定する
>>> with patch('__main__.get_books') as mock_get_books:
...     mock_get_books.return_value = []
...     print(get_books())
...
[]
```

patch()関数はデコレータとしても利用できます。デコレータとして利用する場合は、呼び出し時の引数に置き換え後のモックオブジェクトが渡されます。パッチが当てられるのは対象の関数やメソッドの定義時ではなく、実行中のみとなります。そのほかの点は、コンテキストマネージャーとして利用する場合と同じです。

```
>>> @patch('__main__.get_books')
... def test_use_mock(mock_get_books):
...     mock_get_books.return_value = []
...     return get_books()
...
>>> test_use_mock()
[]
```

注10　patch()で指定する名前の詳細は公式ドキュメントの「どこにパッチするか」を確認してください。
https://docs.python.org/ja/3/library/unittest.mock.html#where-to-patch

mockを利用するテストケースの実例

　先ほど実装したテストケース test_save_thumbnails は、実際に API にアクセスしてサムネイル画像を取得していました。しかし、このテストでは次の2点が確認できれば、booksearch.api.get_data() 関数をモック化して事前に取得しておいた画像データを返しても問題ないでしょう。

- **適切な URL にアクセスしていること**
- **取得したデータがファイルに保存されること**

　そのため、事前にサムネイル画像を取得しておき、テストではそのサムネイル画像を利用するよう変更します。tests/data/ ディレクトリを作成し、次のコードを実行してテストで使うサムネイル画像を取得ください。

```
>>> from booksearch import get_books
>>> book = get_books(q='python')[0]

# 実行時に取得されたデータによって結果は異なる
>>> book.save_thumbnails('tests/data')
[PosixPath('tests/data/YkGmfbil6L4C_smallThumbnail.jpeg'), PosixPath('tests
/data/YkGmfbil6L4C_thumbnail.jpeg')]
```

　取得したサムネイル画像を使うテストケースは、次のようになります。テスト対象のメソッド booksearch.core.Book.save_thumbnails() では、モジュールレベルにインポートされた get_data(つまり 'booksearch.core.get_data')という名前でモック化したいオブジェクトを参照しています。もしこのテストケースで @patch('booksearch.api.get_data') と指定してしまうと、パッチは正しく適用されないため、注意してください。

```
tests/test_core.py
from unittest.mock import patch
（省略）
class SaveThumbnailsTest(unittest.TestCase):
    （省略）
    # テスト対象のsave_thumbnails()が利用する参照名を指定
    @patch('booksearch.core.get_data')
    def test_save_thumbnails(self, mock_get_data):
        from booksearch.core import Book

        # 先ほど取得したサムネイル画像データをモックの戻り値にセット
        data_path = pathlib.Path(__file__).with_name('data')
        mock_get_data.return_value = (
```

```
        data_path / 'YkGmfbil6L4C_thumbnail.jpeg').read_bytes()

book = Book({'id': '', 'volumeInfo': {
    'imageLinks': {
        'thumbnail': THUMBNAIL_URL
    }}})
filename = book.save_thumbnails(self.tmp.name)[0]

# get_data()呼び出し時の引数を確認
mock_get_data.assert_called_with(THUMBNAIL_URL)

# 保存されたデータを確認
self.assertEqual(data, filename.read_bytes())
```

それではテストを実行し、結果を確認しましょう。APIへのアクセスが不要になったため、筆者の環境では変更前に0.400sかかっていたテストの実行時間が0.040sまで短縮されました。

```
$ python3 -m unittest -v
test_build_url (test_api.BuildUrlTest) ... ok
test_build_url_empty_param (test_api.BuildUrlTest) ... ok
test_build_url_fail (test_api.BuildUrlTest) ... expected failure
test_save_thumbnails (test_core.SaveThumbnailsTest) ... ok


----------------------------------------------------------------------

Ran 4 tests in 0.040s

OK (expected failures=1)
```

12.4
ユースケース別のテストケースの実装

データベースやWeb APIへのアクセス以外にも「この処理はどうやってテストを書くんだろう？」というシーンは数多くあります。ここでは、それらの中から次の項目に対して、unittestモジュールで用意されている解決策を紹介します。

- 環境依存のテストをスキップする
- 例外の発生をテストする
- 違うパラメータで同じテストを繰り返す
- コンテキストマネージャーをテストする

環境依存のテストをスキップする

　何らかの理由で古いテストケースを残しておきたかったり、環境依存の機能
を使う、時間がかかるなどの理由から特定のテストケースをスキップしたい場
合があります。その場合は、次のようにデコレータの @unittest.skip() や @
unittest.skipIf() が利用できます。

```python
tests/test_api.py
import sys
（省略）
class BuildUrlTest(unittest.TestCase):
    （省略）
    # 引数にスキップする理由を渡す
    @unittest.skip('this is a skip test')
    def test_nothing_skip(self):
        pass

    # 実行中のPythonバージョンが3.6より大きければスキップ
    @unittest.skipIf(sys.version_info > (3, 6),
                     'this is a skipIf test')
    def test_nothing_skipIf(self):
        pass
```

　テストを実行すると、デコレータを付けたテストケースはスキップされ、引
数で渡したスキップの理由が表示されます。ここでは個々のテストケースにデ
コレータを付けましたが、テストクラスに付けた場合はそのクラスで定義され
ているすべてのテストケースがスキップされます。

```
$ python3 -m unittest -v
test_build_url (test_api.BuildUrlTest) ... ok
test_build_url_empty_param (test_api.BuildUrlTest) ... ok
test_build_url_fail (test_api.BuildUrlTest) ... expected failure
test_nothing_skip (test_api.BuildUrlTest) ... skipped 'this is a skip test'
test_nothing_skipIf (test_api.BuildUrlTest) ... skipped 'this is a skipIf test'
test_save_thumbnails (test_core.SaveThumbnailsTest) ... ok


----------------------------------------------------------------------
Ran 6 tests in 0.038s

OK (skipped=2, expected failures=1)
```

例外の発生をテストする

　仕様として例外を送出する場合には、その挙動もテストで確認します。例外が発生することをテストする場合は、テストクラスのメソッドassertRaises()もしくはメソッドassertRaisesRegex()を利用します。どちらも第一引数に期待する例外クラスを指定してwith文で利用し、例外が発生する処理をwithブロック内で実行します。メソッドassertRaisesRegex()は、第二引数に渡した文字列を正規表現として、例外メッセージがマッチするかも確認できます。

　searchbook.get_books()関数は、インターネットアクセスができない場合には例外urllib.error.URLErrorを送出します。これを仕様としてテストケースを追加すると、次のようになります[注11]。

```
tests/test_core.py
from urllib.error import URLError
（省略）
class GetBooksTest(unittest.TestCase):
    def test_get_books_no_connection(self):
        from booksearch.core import get_books

        # 一時的にネットワークアクセスを遮断
        with patch('socket.socket.connect') as mock:
            # connect()が呼び出された際に不正な値を返す
            mock.return_value = None
            with self.assertRaisesRegex(URLError, 'urlopen error'):
                # 例外が発生する処理をwithブロック内で実行する
                get_books(q='python')
```

　このテストの実行結果は次のとおりです。

```
$ python3 -m unittest tests.test_core.GetBooksTest -v
test_get_books_no_connection (tests.test_core.GetBooksTest) ... ok

----------------------------------------------------------------------
Ran 1 test in 0.335s

OK
```

注11　実際には、アプリケーションコード内で意図的にraiseした例外のみをテストすることが多いです。

違うパラメータで同じテストを繰り返す

ユニットテストでは、しきい値などの一部の条件だけを変えたテストを何度も繰り返すことが珍しくありません。そのような場合にはサブテストが利用できます。サブテストは次のようにメソッドsubTest()を利用して行うテストで、withブロック1つがテストケース1つに相当します。メソッドsubTest()には、失敗時に役立つ任意のキーワード引数を渡せます。次の例はbuild_api()関数をパラメータを変えながら、複数回実行するテストケースです。

```
tests/test_api.py
（省略）
class BuildUrlMultiTest(unittest.TestCase):
    def test_build_url_multi(self):
        from booksearch.api import build_url
        base = 'https://www.googleapis.com/books/v1/volumes?'
        expected_url = f'{base}q=python'
        # 2番目、3番目のテストは失敗する
        params = (
            (expected_url, {'q': 'python'}),
            (expected_url, {'q': 'python', 'maxResults': 1}),
            (expected_url, {'q': 'python', 'langRestrict': 'en'}),
        )
        for expected, param in params:
            with self.subTest(**param):
                actual = build_url(param)
                self.assertEqual(expected, actual)
```

このテストを実行すると、結果は次のようになります。失敗したテストではメソッドsubTest()の引数に渡した値が出力結果でも表示されるため、どのテストが失敗したのかがわかりやすくなります。また、2番目のテストで失敗しますが、そこで終了することなく3番目のテストまで実行されます。

```
$ python3 -m unittest tests.test_api.BuildUrlMultiTest
======================================================================
FAIL: test_build_url_multi (tests.test_api.BuildUrlMultiTest) (q='python', ⏎
maxResults=1)
----------------------------------------------------------------------
（省略）
======================================================================
FAIL: test_build_url_multi (tests.test_api.BuildUrlMultiTest) (q='python', ⏎
langRestrict='en')
----------------------------------------------------------------------
```

```
（省略）
-------------------------------------------------------------------
Ran 1 test in 0.044s

FAILED (failures=2)
```

コンテキストマネージャーをテストする

9.3節で紹介したコンテキストマネージャーは、特殊メソッドの __enter__()
と __exit__()を実装してwith文に対応させたオブジェクトです。コンテキスト
マネージャーのモック化は、これらの特殊メソッドを実装すると実現できま
す[注12]。モックで特殊メソッドを利用する際は、多くの特殊メソッドが最初から
定義されているMagicMockクラスを使うと便利です。

次の例はget_json()関数のテストケースで、urllib.request.urlopen()関数
にパッチを当てています。コンテキストマネージャーはurlopen自体ではなく、
その戻り値である点に注意してください。

```
tests/test_api.py
```
```python
import json
from io import StringIO
from unittest.mock import patch, MagicMock
（省略）
class GetJsonTest(unittest.TestCase):
    def test_get_json(self):
        from booksearch.api import get_json
        with patch('booksearch.api.request.urlopen') as mock_urlopen:
            # コンテキストマネージャーのモックを用意
            # APIレスポンスになるJSONデータを用意する
            expected_response = {'id': 'test'}
            fp = StringIO(json.dumps(expected_response))

            # MagicMockクラスを使うと__exit__の追加は不要
            mock = MagicMock()
            mock.__enter__.return_value = fp
            # urlopen()の戻り値がコンテキストマネージャー
            mock_urlopen.return_value = mock
            actual = get_json({'q': 'python'})
            self.assertEqual(expected_response, actual)
```

注12 　特殊メソッドは通常のメソッドとは異なる方法でシステムから参照されるため、すべての特殊メソ
　　　ッドがモックオブジェクトで利用できるわけではありません。

このテストの実行結果は、次のとおりです。

```
$ python3 -m unittest tests.test_api.GetJsonTest -v
test_get_json (tests.test_api.GetJsonTest) ... ok


----------------------------------------------------------------------
Ran 1 test in 0.190s

OK
```

　なお、コンテキストマネージャーはこのようにモック化できますが、コンテ
キストマネージャーの中でも組み込み関数open()に関するテストは広く一般的
です。そのため、専用のヘルパ関数mock_open()が用意されています。ヘルパ
関数mock_open()のより詳細な使い方は、公式ドキュメントの「unittest.mock —
モックオブジェクトライブラリ」[注13]をご確認ください。

12.5
本章のまとめ

　本章ではPythonのプロジェクトでユニットテストを行う方法を紹介しました。
　ここで紹介したunittestモジュールは気軽に導入できるうえ、実践的なプロ
ジェクトでも問題なく利用できます。場合によっては、より高機能なほかのテ
ストフレームワークを検討することもあると思います。しかし、それらのテス
トフレームワークはunittestモジュールを参考にしたり、拡張したものである
ことが多いです。それらをしっかりと使いこなすためにも、まずはunittestモ
ジュールを使い込んでみてください。

注13　https://docs.python.org/ja/3/library/unittest.mock.html#mock-open

第 **13** 章

実践的な
Pythonアプリケーションの開発

本章では、実際にPythonを使ってアプリケーションの開発を行います。より実践的な内容になるよう外部パッケージ、バージョン管理システム、継続的インテグレーションツールも利用します。本書ではPythonが持つ機能や標準ライブラリをメインに紹介してきましたが、質の高いアプリケーション開発をすばやく進めるためにも、外部パッケージやサービスを使いこなしていきましょう。

13.1
作成するアプリケーション

本章で作成するアプリケーションは、プログラマーどうしのコードレビューなどでよく使われるLGTM (*Looks good to me*) 画像を自動生成するコマンドラインツールです。シンプルなツールですが、HTTP通信の利用、画像処理、コマンドとしての実行などの要素が詰まっています。コマンドラインツールの作成による日常的な作業の自動化は、技術領域や職種を問わず誰にとっても役に立つものでしょう。

LGTM画像を自動生成するコマンドラインツール

本章で作成するツールの完成形は、lgtmパッケージとして筆者のリポジトリから次のコマンドでインストールできます。新しい仮想環境を作成し、lgtmパッケージをインストールしてください。

```
# 仮想環境内にインストール
(venv) $ pip install git+https://github.com/rhoboro/lgtm#egg=lgtm
```

lgtmパッケージのインストールができたら、lgtm --helpを実行してlgtmコマンドが利用できることを確認します。

```
# ヘルプの表示
(venv) $ lgtm --help
Usage: lgtm [OPTIONS] KEYWORD

  LGTM画像生成ツール

Options:
  -m, --message TEXT  画像に乗せる文字列  [default: LGTM]
  --help              Show this message and exit.
```

lgtmコマンドは、引数で受け取った画像のソース情報をもとに画像を取得し、その画像にメッセージ(デフォルトは"LGTM")をのせた画像を生成します。画像ファイルのソース情報はファイルパス、画像URL、検索キーワードのいずれかを指定します。

たとえば、lgtm bookを実行すると検索キーワード「book」で画像検索を行い、取得した画像に文字列LGTMをのせてoutput.pngを生成します[注1]。検索キーワードの代わりにファイルパスやhttp://またはhttps://で始まる画像URLを渡すと、指定した画像を使ったoutput.pngを生成できます。また、画像にのせる文字列は--messageオプションで変更できます。

```
# 「book」で画像検索を行いoutput.pngを生成
# キーワードの代わりに画像パスや画像URLも指定できる
(venv) $ lgtm book
```

利用する主な外部パッケージ

本章では、いくつかの外部パッケージを利用しています。利用している主なパッケージは、それぞれがその分野で定番とされているものです。どのパッケージもとても便利なため、ここで概要を紹介します。ほかのツールやアプリケーションを作成する際にも利用してみてください。

● **requests** ── HTTPクライアントライブラリ

requestsパッケージは、HTTPリソースを簡単に利用するためのパッケージで、次のようにインストールします。

```
# requestsのインストール
(venv) $ pip install requests==2.22.0
```

標準ライブラリでHTTPリソースを扱う場合はurllibモジュールを利用しますが、簡単なGETのリクエストを1つ送るだけでも、次のように少し手間がかかります。

```
>>> from urllib import request, parse, error
>>> import json
>>> query = parse.urlencode({'q': 'python'})
```

注1　画像検索には「LoremFlickr」を利用しています。このサービスの詳細については、画像の取得処理を実装する際に説明します。https://loremflickr.com

```
# httpbinはリクエストの内容を返してくれるサービス
>>> url = f'https://httpbin.org/get?{query}'
>>> try:
...   with request.urlopen(url) as f:
...     res = f.read().decode('utf-8')
... except error.HTTPError as e:
...   print(e)
...
>>> json.loads(res)
{'args': {'q': 'python'}, ...
```

requestsパッケージを利用するとこれと同様のリクエストを次のように直感的なAPIで行えます。

```
>>> import requests
>>> res = requests.get('https://httpbin.org/get',
...                     params={'q': 'python'})
>>> res.json()
{'args': {'q': 'python'}, ...
```

また、requestsパッケージであればGET以外のHTTPメソッドであってもpost()関数やput()関数などのわかりやすいAPIを利用できます。requestsパッケージのより詳細な情報は、公式ドキュメント[注2]を確認してください。

```
>>> res = requests.post('https://httpbin.org/post',
...                      data={'q': 'python'})
>>> res.json()['form']
{'q': 'python'}
```

● **Click** —— コマンドラインツール作成ライブラリ

Clickパッケージを使うと、簡単にコマンドラインツールを作成できます。Clickパッケージのインストールは次のようにします。

```
# Clickのインストール
(venv) $ pip install Click==7.0
```

次のコードはClickパッケージを利用して作成したコマンドラインツールの一例です。ここで利用している各種デコレータの説明はのちほど行いますが、どのような引数、オプションを取るかは直感的にわかると思います。

注2　https://2.python-requests.org/en/master/

```
greet.py
import click

@click.command()
@click.option('--words', default='Hello')
@click.argument('name')
def greet(name, words):
    click.echo(f'{words}, {name}!')

if __name__ == '__main__':
    greet()
```

このツールは、次のように引数で渡した名前を使って挨拶を返してくれます。また、--words オプションを使うと挨拶文を変更できます。

```
(venv) $ python3 greet.py rhoboro
Hello, rhoboro!
(venv) $ python3 greet.py rhoboro --words Hi
Hi, rhoboro!
```

標準ライブラリにあるargparseモジュールでもコマンドラインのオプションを扱えますが、ここまでわかりやすいAPIは提供されていません。Clickパッケージにはこのほかにも、ユーザー入力の対話的な取得、サブコマンドの作成、bashやzshで使えるコマンドの補完機能などがあります。Clickパッケージのより詳細な情報は、公式ドキュメント[注3]を確認してください。

● **Pillow** ── 画像処理ライブラリ

Pillowパッケージは、古くからある画像処理ライブラリ PIL (*Python Imaging Library*)をフォークしたもので、Python 3をサポートしています。マルチプラットフォームで利用でき、リサイズや画像に文字列や図形を描画するなどの簡単な処理には最適です。ちなみに、標準ライブラリには画像処理を専門に扱うパッケージはありません。Pillowパッケージのインストールは次のようにします。

```
# Pillowのインストール
(venv) $ pip install Pillow==6.2.1
```

次のコードはPillowパッケージの公式ドキュメントにある「Create JPEG

注3　https://click.palletsprojects.com/en/7.x/

thumbnails」[注4]を参考に、サムネイル生成処理を関数化したものです。手もとに
JPEG画像を用意して実行してください。

```
>>> import os
>>> from PIL import Image
>>> def thumbnail(infile, size=(128, 128)):
...     outfile = os.path.splitext(
...         infile)[0] + ".thumbnail"
...     try:
...         im = Image.open(infile)
...         im.thumbnail(size)
...         im.save(outfile, "JPEG")
...     except IOError:
...         print("cannot create thumbnail for", infile)
...
# 任意のJPEGファイルを指定する
>>> thumbnail('path_to_image.jpg')
```

　実際にサムネイルの作成処理を実行しているのはim.thumbnail(size)の1行
のみで、そのほかはファイルの読み込みや保存に伴うコードです。このように、
簡単な画像処理であればPillowパッケージで実装できます。Pillowパッケージ
のより詳細な情報は、公式ドキュメント[注5]を確認してください。

13.2
プロジェクトの作成

　ここからは実際に手を動かしながら、アプリケーションを作成していきます。
まずは、プロジェクトを進めていくための環境を整えましょう。最初にソース
コードのバージョン管理システムを導入します。

Gitの利用

　ソースコードを書く際は、必ずバージョン管理システムを利用してください。
ソースコードのバージョン管理を行うことで、コードが壊れることを恐れずに

注4　https://pillow.readthedocs.io/en/stable/handbook/tutorial.html#create-jpeg-thumbnails
注5　https://pillow.readthedocs.io/en/stable/

思い切った試行錯誤ができ、開発効率が上がります。

　本書で利用するバージョン管理システムはGit[注6]です。Gitはオフライン環境やローカルだけでもバージョン管理ができるため、たとえ使い捨てるつもりのコードであっても気軽に利用できます。Gitの操作にはgitコマンドを利用しますが、gitコマンドがプリインストールされているmacOS以外ではコマンドのインストールが必要です。本書ではgitコマンドのインストール方法や使い方の説明は省略するため、インストール方法や使い方の詳細は公式サイトにある「Book」[注7]を確認してください。

　それでは、次のようにプロジェクトディレクトリを作成し、git initコマンドでGitリポジトリを作成してください。

```
$ mkdir workspace
$ cd workspace
$ git init
Initialized empty Git repository in /Users/rhoboro/workspace/.git/
```

● .gitignoreファイルの作成

　筆者がプロジェクトを始める際は、最初にGitで無視するファイルを列挙した.gitignoreをコミットし、不要なファイルがコミットされることを防止しています。.gitignoreの作成にはgitignore.io[注8]というサービスを使うと便利です。このサービスでは、入力したキーワードに関連するプロジェクト向けの.gitignoreのテンプレートを生成してくれます。

　ここでは、キーワードに「Python」と筆者の実行環境である「macOS」を指定して作成したものを、そのまま.gitignoreという名前で保存しました[注9]。IDEやエディタの設定ファイルなど個人の環境に依存するファイルがある場合は、それらもキーワードに追加するか、手動で.gitignoreに追記して除外しておきます。除外するファイルやディレクトリのパスはご自身で確認してください。

```
# 下記URLの内容を.gitignoreという名前でファイルに保存
# 環境に応じてキーワードを変えたり内容を編集する
# https://www.gitignore.io/api/macos,python
```

注6　https://git-scm.com/
注7　https://git-scm.com/book/ja/v2
注8　https://gitignore.io/
注9　gitignore.ioで「Python」と「macOS」を入力した際に表示される内容は https://www.gitignore.io/api/macos,python にアクセスすると表示されます。キーワードは、実行環境に合わせて指定してください。

```
$ git add .
$ git commit -m '.gitignoreを追加'
```

この方法で作成される.gitignoreでは、Pythonモジュールをもとに自動生成される.pycファイルやvenv/などの仮想環境ディレクトリが無視されます。

● **GitHubでのソースコード管理**

のちほどCircleCIというサービスを利用して、テストの自動化を行います。そのため、CircleCIがコードを取得できるよう「GitHub」[注10] にリポジトリを作成し、ソースコードをプッシュします[注11]。本章のソースコードには機密情報は含まれないため、ここで作成するリポジトリはパブリックリポジトリで問題ありません。新しいリポジトリ<YOUR_ACCOUNT>/lgtmを作成後、次のコマンドを実行してください。

```
$ git remote add origin git@github.com:<YOUR_ACCOUNT>/lgtm.git
$ git push -u origin master
```

これでリポジトリの準備は完了です。ここからは、実際にコードを作成していきます。

パッケージのひな型作成

まずは、プロジェクトで利用するパッケージのひな型を作成します。このひな型は、11.3節で紹介したものと同じ構成になっています。次の内容でrequirements.txtを作成してください。

```
requirements.txt
Click==7.0
Pillow==6.2.1
requests==2.22.0
```

仮想環境を作成し、各パッケージをインストールしたら、requirements.lockも作成しましょう。

注10 https://github.com/
注11 GitHubのアカウントやリポジトリの作成方法、公開鍵の登録方法については本書では解説しません。GitHubを利用したことがない場合は、公式サイトのヘルプを確認し、アカウントを作成してください。https://help.github.com/ja

```
$ python3 -m venv venv
$ . venv/bin/activate
(venv) $ pip install -r requirements.txt
(venv) $ pip freeze > requirements.lock
```

● lgtmパッケージの作成

最小限の構成でlgtmパッケージを作成していきます。パッケージ用のディレクトリlgtm/を作成し、空の__init__.pyを作成します。

```
(venv) $ mkdir lgtm

# 空の__init__.pyを作成
# Windowsの場合は type nul > lgtm/__init__.py
(venv) $ touch lgtm/__init__.py
```

今回作成するツールのエントリポイントとなるlgtm/core.pyを、次の内容で作成します。このパッケージのcli()関数がエントリポイントとなり、プログラムの起動時に最初に呼び出されます。

lgtm/core.py
```
import click

@click.command()
def cli():
    """LGTM画像生成ツール"""
    lgtm()
    click.echo('lgtm')  # 動作確認用


def lgtm():
    # ここにロジックを追加していく
    pass
```

エントリポイントのcli()関数を実行するスクリプトmain.pyを、動作確認用に用意しておきましょう。Clickパッケージで作成するコマンドラインツールは、デコレータclick.command()を付けた関数を呼び出すと実行されます。cli()関数は最終的にはlgtmコマンドから実行するため、main.pyはあくまで動作確認のためのスクリプトです。

main.py
```
from lgtm import core
```

```
if __name__ == '__main__':
    core.cli()
```

　ここまでの内容でpython3 main.pyを実行すると、lgtmが表示されるように
なりました。動作確認を行い、問題がなければコミットし、プッシュしてくだ
さい。

```
(venv) $ python3 main.py
lgtm
(venv) $ git add .
(venv) $ git commit -m 'プロジェクトのひな型を作成'
(venv) $ git push
```

●テストコードの作成

　パッケージ内容はまだひな型の状態ではありますが、アプリケーションコー
ドを作成したので対応するテストコードも用意しましょう。ユニットテストは、
第12章で紹介した内容で行います。tests/ディレクトリを用意し、空の__
init__.pyと次のtest_core.pyを追加してください。

```
tests/test_core.py
import unittest

class LgtmTest(unittest.TestCase):
    def test_lgtm(self):
        from lgtm.core import lgtm
        self.assertIsNone(lgtm())
```

　テストコードを追加したら、動作確認を行います。問題がなければ、コミッ
トしてプッシュしてください。

```
# ユニットテストを実行
(venv) $ python3 -m unittest -v
test_lgtm (test_core.LgtmTest) ... ok

----------------------------------------------------------------------
Ran 1 test in 0.017s

OK
(venv) $ git add .
(venv) $ git commit -m 'coreモジュールのテストを作成'
(venv) $ git push
```

13.3
継続的インテグレーションの導入

　継続的インテグレーションとは、ソースコードをチェックイン（Gitではリモートリポジトリへのプッシュ）するたびに自動でビルドやテストを行い、ソフトウェアが壊れていないことを保証するプラクティスです。もしテストに失敗していたら、即座に修正しなければなりません。ここでは、CircleCI[注12]というサービスを利用し、テストの自動化を行います。

CircleCIでテスト自動化

　CircleCIは、継続的インテグレーションをサポートしてくれるサービスです。バージョン管理システムと連携させると、ソースコードのプッシュをトリガにしてビルドやテスト、デプロイなどを自動化できます。自動化するワークフローの定義は、設定ファイル `.circleci/config.yml` に記述します。

●プロジェクトの追加

　まずは、CircleCIにプロジェクトを追加します。ログイン後の画面で左メニュー「ADD PROJECTS」を選択すると、ユーザーのリポジトリの一覧が表示されます。そこで、今回のリポジトリ lgtm の「Set Up Project」を選択してください（**図13.1**）[注13]。すると、「Set up lgtm」と書かれた画面が表示されます（**図13.2**）。この画面ではCircleCIの設定ファイル `.circleci/config.yml` のテンプレートが表示されていますが、今回はスクラッチで作成するため、このテンプレートは利用しません。

●config.ymlの追加

　CircleCIでテストを実行するための設定ファイルを追加します。次の内容で `.circleci/config.yml` を作成してください。この設定ファイルでは、依存関係を解決するジョブ `setup_dependencies`、テストを実行するジョブ `test` を定義し、これら2つのジョブを直列で実行するワークフロー `all` を定義しています。

注12　https://circleci.com/
注13　CircleCIのアカウントを持っていない場合は、ログインにGitHubアカウントを利用してください。

図13.1 プロジェクトの追加

図13.2 リポジトリの設定

```.circleci/config.yml
version: 2
jobs:
 setup_dependencies:
   docker:
     - image: circleci/python:3.8.1
   steps:
     - checkout
     - restore_cache:
         key: deps-{{ checksum "requirements.lock" }}
     - run:
         command: |
           pip install --user -r requirements.lock
     - save_cache:
         key: deps-{{ checksum "requirements.lock" }}
         paths:
           - "~/.local"
 test:
   docker:
     - image: circleci/python:3.8.1
   steps:
     - checkout
     - restore_cache:
```

```
        key: deps-{{ checksum "requirements.lock" }}
    - run:
        command: |
          python3 -m unittest -v
workflows:
  version: 2
  all:
    jobs:
      - setup_dependencies
      - test:
          requires:
            - setup_dependencies
```

　ここで定義したワークフローallは、ソースコードのプッシュがトリガとなり、実行されます。CircleCIの設定ファイルのより詳細な情報は、公式ドキュメント[注14]を確認してください。

テストの実行と結果の確認

　CircleCIの設定ファイルを用意できたら、コミットしてプッシュしてください。

```
(venv) $ git add .
(venv) $ git commit -m 'CircleCIの設定ファイルを追加'
(venv) $ git push
```

　「Set up lgtm」の画面に戻り下部の「Start Building」を選択すると、初回のジョブの実行が始まります（**図13.3**）。実行されたジョブは左メニュー「JOBS」から一覧で確認でき、詳細画面では各ジョブのステップの詳細も確認できます（**図13.4**）。

　以降では、ソースコードをプッシュするたびに自動でテストまで実行されます。

13.4
アプリケーションの開発

　これでアプリケーションを開発していくための準備が整いました。ここからは、アプリケーションの具体的なロジックの実装に入っていきます。

　今回のLGTM画像を自動生成するコマンドラインツールは、引数で画像のソ

図13.3 初回ビルドの実行

図13.4 ジョブtestの結果の詳細

ース情報を受け取ります。そして、そのソース情報をもとに画像を取得し、その画像にメッセージ（デフォルトは "LGTM"）をのせた画像を生成します。画像のソース情報は、ファイルパス、URL、検索キーワードのいずれでも動くように実装します。まずは、コマンドライン引数を受け取る処理から実装していきます。

コマンドライン引数の取得

先ほど説明したとおり、Clickパッケージを使うと簡単にコマンドライン引数を取得できます。Clickパッケージでは、コマンドとして実行したい関数に

デコレータclick.command()を付けます。コマンドには位置引数で渡すものを
デコレータclick.argument()で、--messageのように名前を付けたオプション
で渡すものをデコレータclick.option()で指定できます。コマンドに渡された
引数はすべて、キーワード引数として関数呼び出し時に渡されます。

● **画像のソース情報とメッセージを受け取る**

それでは、画像のソース情報とメッセージを受け取れるようにしましょう。
ここでは画像のソース情報を位置引数で受け取り、メッセージは--messageオ
プションから受け取ります。次のように実装してください。

```
lgtm/core.py
@click.command()
@click.option('--message', '-m', default='LGTM',
              show_default=True, help='画像に乗せる文字列')
@click.argument('keyword')
def cli(keyword, message):
    """LGTM画像生成ツール"""
    lgtm(keyword, message)
    click.echo('lgtm')  # 動作確認用


def lgtm(keyword, message):
    # ここにロジックを追加していく
    pass
```

これでコマンドライン引数から画像のソース情報とメッセージを受け取れる
ようになりました。引数helpで渡した文字列は、次のようにヘルプを表示させ
ると確認できます。また、ヘルプにデフォルト値が表示されるよう引数にshow_
default=Trueも指定しています。

```
(venv) $ python3 main.py --help
Usage: main.py [OPTIONS] KEYWORD

  LGTM画像生成ツール

Options:
  -m, --message TEXT  画像に乗せる文字列  [default: LGTM]
  --help              Show this message and exit.
```

それでは、コミットしてプッシュしてください。

```
(venv) $ git add .
(venv) $ git commit -m 'コマンドライン引数を受け取る'
(venv) $ git push
```

● **テストコードの修正**

先ほどのプッシュのあと、GitHubに登録しているメールアドレスにCircleCI
からメールが届いていると思います。実は先ほどlgtm/core.pyを修正した際、
テストコードが古いままになっているため、CircleCIで行われたテストが失敗
しています。

失敗しているテストはすぐに修正しましょう。先ほどの変更に合わせて、テ
ストコードを修正します。

`tests/test_core.py`
```
（省略）
    def test_lgtm(self):
        from lgtm.core import lgtm
        self.assertIsNone(lgtm('./python.jpeg', 'LGTM'))
```

テストを実行して問題がなければ、コミットしてプッシュしてください。

```
(venv) $ python3 -m unittest -v
test_lgtm (test_core.LgtmTest) ... ok

----------------------------------------------------------------------
Ran 1 test in 0.017s

OK
(venv) $ git add .
(venv) $ git commit -m 'lgtm/core.pyの変更に伴うテストの修正'
(venv) $ git push
```

以降では、アプリケーションコードの実装に伴うテストコードの実装、およ
びソースコードのコミットとプッシュは各自で進めてください。

画像の取得

画像のソース情報を受け取れるようになったので、その情報をもとに画像を取
得します。このツールの特徴的な機能の1つとして、画像のソース情報はファイ
ルパス、URL、検索キーワードのいずれでも動くようにします。

● **ファイルパスから画像を取得するクラスの実装**

まずはローカルにある画像を利用する LocalImage クラスを追加します。次のように lgtm/image_source.py を実装してください。

```
lgtm/image_source.py
import requests

class LocalImage:
    """ファイルから画像を取得する"""

    def __init__(self, path):
        self._path = path

    def get_image(self):
        return open(self._path, 'rb')
```

LocalImage クラスは、メソッド get_image() を呼び出すと、画像のファイルオブジェクトを返してくれます。今回画像の取得に利用するすべてのクラスでメソッド get_image() を呼び出すと画像のファイルオブジェクトを返すようにします。なお、4.9節で紹介したように Python にはダックタイピングの文化もあります。今回はインタフェースがシンプルですので、ここでは抽象クラスは用意しないことにします[注15]。

● **URLから画像を取得するクラスの実装**

続いて、requests パッケージを利用してインターネットから画像を取得する RemoteImage クラスを用意します。RemoteImage クラスも、先ほどの LocalImage クラスと同じインタフェースで実装します。requests.get() 関数で取得できる値はバイトデータであるため、呼び出し元に返す前にファイルオブジェクトに変換しておきます。

注15　開発対象がライブラリやフレームワークで、提供するクラスのサブクラス化をユーザーに求める場合は、抽象クラスが定義されているほうがよいでしょう。

```
lgtm/image_source.py
from io import BytesIO
（省略）
class RemoteImage:
    """URLから画像を取得する"""

    def __init__(self, path):
        self._url = path

    def get_image(self):
        data = requests.get(self._url)
        # バイトデータをファイルオブジェクトに変換
        return BytesIO(data.content)
```

● **検索キーワードから画像を取得するクラスの実装**

　最後に、検索キーワードから画像を取得するクラスを実装します。今回は画像の取得に「LoremFlickr」[注16] を利用します。このサービスは https://loremflickr.com/<WIDTH>/<HEIGHT>/<KEYWORD> にアクセスすると、指定したサイズでキーワードに沿ったランダムな画像を返してくれます[注17]。ここでは https://loremflickr.com/800/600/<検索キーワード> にアクセスして画像の取得を行います。

　それでは、実際にキーワード検索で画像を取得するKeywordImageクラスを実装します。内部用にはLoremFlickrを利用していることがわかるように _LoremFlickrクラスを定義し、KeywordImageという別名で参照できるようにします。このようにしておくと、将来LoremFlickrから別の画像検索サービスへの移行が必要になったとしても、内部のクラスを差し替えるだけで済むため、保守性が向上します。_LoremFlickrクラスは、実際にはURLから画像を取得するため、RemoteImageクラスを継承して、最小限の実装にしています。

```
lgtm/image_source.py
（省略）
class _LoremFlickr(RemoteImage):
    """キーワード検索で画像を取得する"""
    LOREM_FLICKR_URL = 'https://loremflickr.com'
    WIDTH = 800
    HEIGHT = 600
```

注16　https://loremflickr.com/
注17　画像は「Flickr」にクリエイティブコモンズライセンスで登録されている写真です。ライセンスの種類が左上に、作者が左下に表示されています。https://www.flickr.com/

```
    def __init__(self, keyword):
        super().__init__(self._build_url(keyword))

    def _build_url(self, keyword):
        return (f'{self.LOREM_FLICKR_URL}/'
                f'{self.WIDTH}/{self.HEIGHT}/{keyword}')


KeywordImage = _LoremFlickr
```

● 画像を取得するクラスの利用

　lgtm/image_source.pyのユーザーには、どのイメージソースクラスが利用されているかを意識して欲しくありません。そこで、get_image()関数を用意します。この関数は、コマンドライン引数から受け取った画像のソース情報を受け取り、内部で適切なクラスを利用して画像取得を行い、取得した画像のファイルオブジェクトを返します。

```
lgtm/image_source.py
from pathlib import Path
（省略）
# コンストラクタとして利用するため
# 単語を大文字始まりにしてクラスのように見せる
def ImageSource(keyword):
    """最適なイメージソースクラスを返す"""
    if keyword.startswith(('http://', 'https://')):
        return RemoteImage(keyword)
    elif Path(keyword).exists():
        return LocalImage(keyword)
    else:
        return KeywordImage(keyword)


def get_image(keyword):
    """画像のファイルオブジェクトを返す"""
    return ImageSource(keyword).get_image()
```

　ここまでの内容で、get_image()関数にコマンドライン引数を渡すだけで、画像のファイルオブジェクトを得られるようになりました。

画像処理

　画像データをファイルオブジェクトとして取得できるようになったので、続いてメッセージの文字列を画像上に描画します。文字列の描画はPillowパッケージのImageDrawモジュール[注18]を利用します。

● 文字列を画像上に描画する最小限の実装例

　ImageDrawモジュールを利用して画像に文字列を描画する場合、次のようなコードになります。

```
>>> from PIL import Image, ImageDraw

# ローカル環境にある任意の画像パスを指定
>>> file_path = 'path/to/your/image'

# ここではファイルパスの文字列を渡しているが
# ファイルオブジェクトを渡してもよい
>>> image = Image.open(file_path)
>>> draw = ImageDraw.Draw(image)

# 左上に"LGTM"を描画
>>> draw.text((0, 0), 'LGTM')
>>> image.save('output.png', 'PNG')
```

　このコードを実行すると、左上に白文字で小さくLGTMと描画されたoutput.pngが生成されます。今回のツールで実装する内容は、これをベースにして、最適なフォントサイズと座標を計算させたものです。

● 文字列を中央に最適なサイズで描画する

　メッセージを描画する際は、目立つようできるだけ大きなフォントで画像中央に配置します。具体的には、定数MAX_RATIOで画像全体に対してメッセージを描画できる領域のサイズを決め、そのサイズ内におさまるまでフォントを1ポイントずつ小さくしていき、最適なフォントサイズを選択します。また、フォントサイズの確定後、画面中央に描画されるよう座標を計算します。

　上記の内容をsave_with_message()関数として実装したlgtm/drawer.pyを次に示します。

注18　https://pillow.readthedocs.io/en/stable/reference/ImageDraw.html#imagedraw-module

```
lgtm/drawer.py
from PIL import Image, ImageDraw, ImageFont

# 画像全体に対するメッセージ描画可能エリアの比率
MAX_RATIO = 0.8

# フォント関連の定数
FONT_MAX_SIZE = 256
FONT_MIN_SIZE = 24

# フォントの格納先のパスは実行環境に合わせて変更する
FONT_NAME = '/Library/Fonts/Arial Bold.ttf'
FONT_COLOR_WHITE = (255, 255, 255, 0)

# アウトプット関連の定数
OUTPUT_NAME = 'output.png'
OUTPUT_FORMAT = 'PNG'


def save_with_message(fp, message):
    image = Image.open(fp)
    draw = ImageDraw.Draw(image)
    # メッセージを描画できる領域のサイズ
    # タプルの要素ごとに計算する
    image_width, image_height = image.size
    message_area_width = image_width * MAX_RATIO
    message_area_height = image_height * MAX_RATIO

    # 1ポイントずつ小さくしながら最適なフォントサイズを求める
    for font_size in range(FONT_MAX_SIZE, FONT_MIN_SIZE, -1):
        font = ImageFont.truetype(FONT_NAME, font_size)
        # 描画に必要なサイズ
        text_width, text_height = draw.textsize(
            message, font=font)
        w = message_area_width - text_width
        h = message_area_height - text_height

        # 幅、高さともに領域内におさまる値を採用
        if w > 0 and h > 0:
            position = ((image_width - text_width) / 2,
                        (image_height - text_height) / 2)
            # メッセージの描画
            draw.text(position, message,
                      fill=FONT_COLOR_WHITE, font=font)
            break

    # 画像の保存
```

```
    image.save(OUTPUT_NAME, OUTPUT_FORMAT)
```

各処理の呼び出し

ここまで実装してきた処理を、エントリポイントから実行できるようにしましょう。lgtm()関数を、次の内容で実装してください。

```lgtm/core.py
from lgtm.drawer import save_with_message
from lgtm.image_source import get_image
（省略）
def lgtm(keyword, message):
    with get_image(keyword) as fp:
        save_with_message(fp, message)
```

lgtm()関数の中では、get_image()関数を利用して画像を取得しています。そして、取得した画像と引数で受け取ったメッセージの文字列をsave_with_message()関数に渡し、画像にメッセージを描画し保存しています。なお、get_image()関数はファイルオブジェクトを返す関数です。ファイルオブジェクトは9.3節で紹介したコンテキストマネージャーでもあるため、with文を利用してクローズ漏れを防止しています。

これでLGTM画像を自動生成する処理が完成しました。lgtm/core.pyのcli()関数から動作確認用の処理click.echo('lgtm')を削除して、動作を確認してみましょう。python3 main.py bookを実行し、画像中央に大きくLGTMと書かれた画像output.pngが出力されたら成功です（**図13.5**）。描画する文字列は--messageオプションで変更できます。

```
# 結果の画像は取得できた画像により異なる
(venv) $ python3 main.py book
```

13.5
コマンドとして実行する

最後にpython3コマンドではなく、lgtmコマンドで実行できるようにしましょう。Pythonのプログラムをコマンドとして実行するには、setup.pyを用意してインストールする必要があります。

setup.pyの作成

次のsetup.pyを用意してインストールすると、lgtmコマンドとして実行できます。setup()関数の引数entry_pointsが、このパッケージをlgtmコマンドから実行するために必要な項目です。そのほかの引数は11.3節で利用したものです。

```python
setup.py
from setuptools import find_packages, setup

setup(
    name='lgtm',
    version='1.0.0',
    packages=find_packages(exclude=('tests',)),
    install_requires=[
        'Click~=7.0',
        'Pillow~=6.2.0',
        'requests~=2.22.0',
    ],
    entry_points={
        'console_scripts': [
            'lgtm=lgtm.core:cli'
        ]
    }
)
```

図13.5 動作確認で出力された画像

● **entry_points** ── スクリプトインタフェースの登録を行う引数

setup()関数の引数entry_pointsでは、console_scriptsキーを使ってスクリプトインタフェースの登録を行っています。console_scriptsキーにスクリプトインタフェースを登録すると、そのインタフェースを呼び出すためのスクリプトがインストール中に自動で作成されます。このスクリプトのおかげで、python3コマンドを実行せずとも作成したプログラムを実行できます[注19]。

setup.pyを用意したら、本章で作成するプログラムは完成となります。コミットとプッシュを忘れずにしておきましょう。

動かしてみよう

実際にインストールして、lgtmコマンドを実行してみましょう。開発中の動作確認では、11.2節で紹介した-eオプションをつけてインストールしておくと、コードの変更が即時反映されて便利です。先ほどと同様、カレントディレクトリにoutput.pngが出力されます。

```
(venv) $ pip install -e .
（省略）

# lgtmコマンドが登録された
```

注19　venvを利用している場合は、作成されたスクリプトはvenv/bin/lgtmに配置されます。もし中身に興味がある場合はそちらをご確認ください。

C o l u m n

entry_pointsを利用したプラグイン機構

引数entry_pointsの用途は、スクリプトインタフェースの登録だけではありません。引数entry_pointsを使うと、このパッケージを利用したいほかのモジュールにエントリポイントの情報を伝えられます。そのため、この引数はプラグイン機構などにも利用されます。Pythonでプラグイン機構を利用して機能拡張を行う方法は、「Dynamic Discovery of Services and Plugins」[注a]をご確認ください。

注a　https://setuptools.readthedocs.io/en/latest/setuptools.html#dynamic-discovery-of-services-and-plugins

```
(venv) $ lgtm
Usage: lgtm [OPTIONS] KEYWORD
Try "lgtm --help" for help.

Error: Missing argument "KEYWORD".
(venv) $ lgtm book
```

　これでLGTM画像を自動生成するコマンドラインツールが完成しました。作ったLGTM画像は、ぜひコードレビューなどに使ってみてください。本章で筆者が利用したリポジトリはGitHubのrhoboro/lgtmリポジトリ[注20]にあります。

13.6
本章のまとめ

　本章では、Pythonを使って実践的なアプリケーションの開発を行いました。
　開発したアプリケーション自体は小さなものですが、本章には外部パッケージ、バージョン管理システム、継続的インテグレーションなどの実際の開発現場で欠かせないエッセンスが詰まっています。また、コマンドラインツールの開発は、実用的でありながらも小さく始められるため、学習目的にも最適です。
　本書のこれまでの内容を参考に、いろんなツールをPythonで作成してください。そうするうちに、自然とPython自体が手に馴染むツールの1つになっていくでしょう。

13

注20　https://github.com/rhoboro/lgtm

索引

著者プロフィール

陶山 嶺 すやまれい

大分県出身。広島大学大学院情報工学専攻修士課程修了。学生時代にPythonと出会い、言語・コミュニティの持つ思想や雰囲気に惹かれる。技術的な基礎知識からコミュニティとの付き合い方まで、さまざまなことをPythonを通して学んだ。PyCon JP 2015へ一般参加したことをきっかけに、PyCon JP 2016からはスタッフやスピーカーとしても参加している。就職を機に上京していたが、現在は瀬戸内海に浮かぶ広島県尾道市の向島でフルリモートワークを実践中。

Twitter @rhoboro
GitHub https://github.com/rhoboro
URL https://www.rhoboro.com

装丁・本文デザイン……西岡 裕二　**レイアウト**……高瀬 美恵子(技術評論社制作作業務部)
本文図版……スタジオ・キャロット　**編集アシスタント**……北川 香織(WEB+DB PRESS編集部)
編集……渡邉 健多(WEB+DB PRESS編集部)　**企画**……稲尾 尚徳(WEB+DB PRESS編集部)

WEB+DB PRESS plus シリーズ

Python実践入門
言語の力を引き出し、開発効率を高める

2020年2月 6日　初版　第1刷発行
2021年4月20日　初版　第4刷発行

著者 ………………………… 陶山 嶺

発行者 ……………………… 片岡 巌

発行所 ……………………… 株式会社技術評論社
　　　　　　　　　　　　　　東京都新宿区市谷左内町 21-13
　　　　　　　　　　　　　　電話　03-3513-6150　販売促進部
　　　　　　　　　　　　　　　　　03-3513-6175　雑誌編集部

印刷／製本 ………………… 日経印刷株式会社

● お問い合わせ

本書に関するご質問は記載内容についてのみとさせていただきます。本書の内容以外のご質問には一切応じられませんので、あらかじめご了承ください。なお、お電話でのご質問は受け付けておりませんので、書面または小社Webサイトのお問い合わせフォームをご利用ください。

〒162-0846
東京都新宿区市谷左内町 21-13
『Python実践入門』係
URL https://gihyo.jp (技術評論社Webサイト)

ご質問の際に記載いただいた個人情報は回答以外の目的に使用することはありません。使用後は速やかに個人情報を廃棄します。